教育部人文社会科学青年基金项目（项目批准号：18YJC760079）
贵州理工学院高层次人才科研启动项目（项目批准号：XJGC20190959）

土掌房文化及审美"深描"：
城子彝寨

王东　著

中国建筑工业出版社

图书在版编目（CIP）数据

土掌房文化及审美"深描"：城子彝寨 / 王东著
. —北京：中国建筑工业出版社，2021.4
ISBN 978-7-112-26130-7

Ⅰ.①土… Ⅱ.①王… Ⅲ.①彝族—民居—建筑艺术
—泸西县 Ⅳ.①TU241.5

中国版本图书馆 CIP 数据核字（2021）第 085428 号

　　土掌房凝聚着彝族千百年来的智慧和结晶。土掌房是彝族在特定地域文化环境中的独创，在中国民居建筑体系中自成一体。滇东南城子村是彝族土掌房的典型代表。本书应用建筑学、人类学理论和实践层面田野调查相结合的方法，从历史、地域、建筑、文化及审美五个方面系统阐述了城子村土掌房的文化内涵及审美特征。城子村土掌房客观真实地向世人展示了它独特且富于内涵的历史背景，反映了滇东南一带彝族流转变迁、彝汉深入融合、建筑工艺演变的历史图景，揭示了土掌房中不同历史维度的思想观念、审美追求、价值取向。本书的研究是对"苗疆走廊"西段民居建筑的有益探索及补充。

责任编辑：唐　旭
文字编辑：陈　畅
责任校对：王　烨

土掌房文化及审美"深描"：城子彝寨
王东　著

*

中国建筑工业出版社出版、发行（北京海淀三里河路 9 号）
各地新华书店、建筑书店经销
逸品书装设计制版
北京建筑工业印刷厂印刷

*

开本：787 毫米×1092 毫米　1/16　印张：15　字数：267 千字
2021 年 4 月第一版　　2021 年 4 月第一次印刷
定价：**69.00** 元
ISBN 978-7-112-26130-7
（37713）

序

　　正在清华大学从事博士后工作的王东，来电告诉我，他的硕士论文《土掌房文化及审美"深描"——泸西县城子古村彝族建筑艺术研究》经过增删修改将以《土掌房文化及审美"深描"：城子彝寨》为题出版，希望我写篇序。我稍作犹豫，就答应了。犹豫者，是我从未为人写过序言；答应者，是我对王东和这本书的来龙去脉十分熟悉。

　　2010年9月，王东考入云南民族大学攻读硕士学位。作为他的指导教师我发现他为人朴实，学习勤奋，对民族建筑有着异乎寻常的兴趣，且对建筑审美感悟颇多，愿意以彝族民居建筑为研究方向。我知道这是因为他出生于云南省泸西县一个建筑工匠家庭，从小耳染目睹，身临其境，对家乡生活环境、民族民居有着至深感情的缘故，于是随顺他的愿望同意将学位论文题目定为《土掌房文化及审美"深描"——泸西县城子古村彝族建筑艺术研究》。对于王东，我是隐隐看好的，觉得他有着较好的学术发展潜力。当时针对王东的学位论文，我对他说，你要把它当作一本专著来写，要尽你的所有能力来写，写不下去更要写，逼得你灵魂出窍，像挤牙膏一样挤完为止，篇幅越扩大越好，字数越多越好，哪怕有不成熟、不规范，甚至错误也无妨，因为它也许会是你不失灵性的，最直觉，最本真的作品。令我感到欣慰的是，经过民族学田野调查，围绕着城子彝村，他竟写出了近20万字的草稿。论文结合建筑学、历史学、民族学、美学展开跨学科的多视域研究，内容详实生动，具有很强的可读性、趣味性。出于经验考虑，当时我建议他选取其中一部分用于最终的学位论文答辩，其余部分待日后时机成熟可完善出版。

　　自从王东硕士毕业离开云南，先后去了华南理工大学攻读博士学位，以及清华大学从事博士后研究工作，大大提升了学术素养和研究能力。现在将研究视域集中于西南地区，继续从事民族建筑研究。

为了完善本书，王东利用业余时间多次重访城子村进行深入细致的调查，对多年前的学位论文进行修改、增补、删减，并结合建筑学的学科特色增补了不少建筑测绘图、手绘图、照片。在理论层面仍运用人类学家格尔茨的"深描"理论，从历史、地域、建筑、文化及审美五个方面系统阐述了城子村土掌房的文化内涵及审美维度。最后以图文并茂的形式集成《土掌房文化及审美"深描"：城子彝寨》一书，让深藏于云南崇山峻岭中阿庐大地上的彝族建筑文化遗产为更多世人所知晓。

云南泸西城子村彝族土掌房，历史悠久、风貌独特、文化底蕴深厚，是彝族流转变迁、彝汉融合历史图景的深刻见证，是不同历史维度文化内涵与审美价值的突出体现。正因为如此，城子村先后被列入"中国传统村落""中国少数民族特色村寨""中国历史文化名村""中国美丽休闲乡村"等名录，是中国传统村落的优秀案例。全面系统地对城子古村土掌房文化及审美进行研究，彰显了彝族优秀传统文化的典型，表达了民族学、建筑学的固有学理意义，又突出了传统村落保护与发展的现实需要。

彝族土掌房自成一体，是中国民居建筑体系的重要组成部分，是彝族在特定地域文化环境中的独创。正如书中所说的"民居建筑的创新根源于对传统的认知"。优秀传统文化是创新的源头活水，实施乡村振兴战略离不开对传统民居建筑文化的研究。

《土掌房文化及审美"深描"：城子彝寨》将建筑学、民族学、人类学等多学科知识有机融合，是其特色。

时至今日，王东与我结识已有十年。十年来，我见证着他一路前行的艰辛和进步，一直感受着他对学术的尊重和追求。作为王东学术生涯开启的见证人，本书的出版令我十分的高兴。在此，我由衷地希望他再接再厉，继续潜心研究，在传统村落与民居建筑领域不断深耕，期待他有更多的学术成果奉献给大家。

王清华

2020 年 5 月 25 日于昆明

前言

　　"新的不断涌现，旧的从没死去"，我们需要接受新的外来文化，同时又继承传统的精华。时代总是发展，人的思想总要与时俱进，然而变化的总是现象，那是艺术的丰富，不变的却是适合人类生存与发展的恒久的深邃理念，这是古老的哲学与宗教。新的来了又去，旧的却从没有死亡，艺术和科学或者艺术与哲学，像两个永不分离的孪生姐妹，总是以不同的姿态构架出变化无穷的组合，在这个组合中完成一次次的创新，而这个创新的实质是：一般概念的个性化表达。今天传统民居似乎在快速消失，创造新的民居形式，成为时代的需求。"问渠那得清如许，为有源头活水来"，民居建筑的创新根源于对传统的认知。

　　对彝族而言，独具风格的民族建筑可谓遍地开花、处处可见，这是古老民族的魅力所在。但随着经济的发展，在人类文化一体化发展的强大影响力之下，彝族建筑也在不断演变，似乎少了些民族特色，多了些千篇一律的"火柴盒"和仿西欧式的"小洋房"。① 这与习近平总书记提出的"望得见山，看得见水，记得住乡愁"的倡导是相悖的。在我们扼腕叹息之时，很有必要深入了解彝族建筑的艺术特色及发展现状，体会其中的文化内涵，以期找到保护与发展并重的办法来。② 而在对彝族建筑关注之时，"苗疆走廊"③ 西段，位于滇东南泸西县城子村的土掌房群落引起了笔者的兴趣，城子村土掌房不

---

① 李程春.滇南彝族人家的"退台阳房"——土掌房今昔[J].民族艺术研究，2007（5）.
② 李程春.滇南彝族人家的"退台阳房"——土掌房今昔[J].民族艺术研究，2007（5）.
③ 杨志强，赵旭东，曹端波.重返"古苗疆走廊"——西南地区、民族研究与文化产业发展新
　　视阈[J].中国边疆史地研究，2012（2）：1-13，147.

论建筑本体、历史源流、民族特色、审美属性都是非常典型的，对土掌房而言具有很强的代表性。窥一斑而知全豹，通过运用阐释人类学的方法，对城子村土掌房进行深入解读，以期达到对彝族土掌房相对全面的认知，为彝家新居建设提供"源头活水"。

一

西南特殊的地理环境、宗教文化、民族心理、审美情趣、经济条件等因素孕育了"一颗印""木楞房""蘑菇房""干栏式""三坊四照壁，四合五天井"的合院、屯堡石头房、碉房等多样的风土建筑形式。有些地区同一个村落能够并存几种不同的建筑；同一座山上，山顶、山腰和山脚民族不同，建筑风格迥异。研究民族建筑艺术，西南有着得天独厚的优势。随着城市化的推进，越来越多的传统民居在不断消失，建筑的文化多样性正在受到前所未有的冲击，研究与保护迫在眉睫。早在20世纪，德裔美国人类学家博厄斯（Franz Boas，1858—1942）及其后的赫兹科威茨（M.Herskovits，1895—1963）提出"文化相对论"[①]的观点，其主张不同民族没有优劣之分，不同的文化价值是对等的，应以他者（或主位）的观点来细致地观察理解不同的民族文化现象。但事实上不管在文化领域还是建筑领域，不管历史还是今天，"西方中心论"仍然影响深刻，建筑的演进方向及话语权仍然是被西式建筑所主导。从"古典进化论"的观点来看，西式建筑以外的建筑都是非主流的，其他非西方建筑都被看成建筑文明发展史上的不同演进阶段的残存。这必然违背了"文化相对论"的理念。随着后现代主义思潮的兴起，"去中心"和"地方性"已成为后现代主义的两大诉求。因此，必须破除"中心"，尊重"多样"。[②]黑格尔说过"存在即是合理"。从伦理和审美价值视角考虑，不同民族，甚至是少数民族的建筑都是有其意义的。所以本书就是在"后现代主义思潮"兴起的历史大背景下选择"苗疆走廊"西段上的建筑遗产——彝族土掌房作为研究对象，并选取泸西县城子村作为个案进行田野考察，以阐述

---

① 宋蜀华，白振声.民族学理论与方法[M].北京：中央民族大学出版社，1998：74.
② 伍乐平，肖美娟，苏颖.乡村旅游与传统文化重构——以日本乡村旅游为例[J].生态经济，2012（5）：154-157.

土掌房文化及审美性格。土掌房有其独特的文化价值内涵，从宏观角度看有利于"苗疆走廊"建筑文化遗产的多样性发展，从微观看，有利于对地方传统文化进行开发保护。

在后现代主义、结构主义、批判主义盛行的今天，加强民族建筑的研究是很有必要的。作为一个有着悠久历史的多民族国家，广大的民族地区依然存在着丰富多彩，充满乡土气息而又不失智慧的建筑，其中蕴藏着丰富的文化价值、艺术价值、技术价值可供挖掘。其用料的经济性、环保性，造型的审美性及深刻的文化内涵是现代建筑难以比拟的。因此，本书的研究是对彝族建筑遗产研究的进一步完善，也是对"苗疆走廊"文化主体性建构的完善。本书将人类学与建筑学、美学结合进行跨学科讨论：在人类学视野下研究建筑的艺术价值与审美价值不失为一种新的研究思路。

由于受地理环境和聚族而居的影响，少数民族聚居区同质化程度较高，本土文化相对稳定，传统技术手段极其适用当地的生产力条件，在短时间内不易被取代，因此对民族建筑文化、技术及艺术审美的研究仍然有着极大的现实意义。

首先，民族文化认同的需要。在中国各民族已经取得了政治上的平等，经济上得到了发展，但是少数民族的文化（包括建筑文化）却相对滞后。在现代文化的冲击下，许多少数民族放弃了自己的传统建筑，认为那是贫穷的符号。当前，民族旅游业蓬勃发展，各级政府积极挖掘民族文化资源，这为民族传统建筑的发展带来了契机。我们在向世人展示民族建筑艺术美、文化美的同时，也是在增进各民族对本民族文化的认同。

其次，完善"苗疆走廊"建筑遗产的研究。"苗疆走廊"由贵州大学杨志强教授2012年提出，一经提出引起学术界的强烈反响，有力地推动了西南文化的主体性建构。"苗疆走廊"起于湖南常德，横贯贵州东西，终于云南昆明。这条贯穿湘黔滇三省的"走廊"自元代以来就是国家重点防御的军事要道，西南地区历史上很多事件都与这条走廊有关，因此也被称为"西南国家走廊"。苗疆走廊始于元至元二十八年（1291年）开通的湘黔滇驿道，也称"普安道""一线路""东路驿道"。"自东路驿道开通以后，经过数百年的历史发展和变迁，逐步形成以这条线路为干道，并连带周边的省道、府州县道、盐道、水道等为一体的、呈狭长走廊带状的交通网络，因此广义上的苗疆走廊应包括从曲靖分道至泸州的西路、明初水西土司奢香修筑的'龙场九驿'、由贵定（新添）主干道分道经都匀南下至广西的南线、从贵阳北上遵义至四川綦江的北线等，此外清初实施大规模的'改土归流''开辟苗疆'后疏通的清水江和都柳江水道也应视为苗疆走廊的组成部分"。[①] 明以降，中原王朝在驿道沿线设置大量的卫所、屯堡、哨所等军事据点，其中很多逐渐发展为今天所称的"屯堡聚落"。然而对于苗疆走廊的研究主要集中于贵州学界，依托"苗疆走廊"这个平台，民族学、人类学、历史学等领域产生了一批有影响力的研究成果。受行政区划的限制，关于屯堡聚落的研究也主要集中于贵州安顺地区，这与苗疆走廊沿线大量存留的"屯堡聚落"不相符。本课题基于这样的考虑选取"苗疆走廊"云南段支线驿道上的一个哨所，即滇东南泸西县城子村（哨）为案例进行田野考察，促进"苗疆走廊"建筑遗产跨行政区划研究。

再次，推进家乡泸西民族文化的传播与发展。家乡泸西县少数民族众多，旅游文化资源丰富，发展旅游业潜力巨大。作为列入"中国历史文化名村"的城子村彝族土掌房有自己的特色：第一，历史悠久，可追溯至唐代的白勺部（也称"布韶"）；第二，彝汉文化融合的典型；第三，彝族土掌房变迁的活化石；第四，传统风水文化在传统村落中的典型运用；第五，近代泸西革命烽火的起点之一；第六，中原王朝改土归流的遗迹，等等，具有很高的景观价值、美学价值、人文价值、技术价值、社会价值。但是这么一个世外桃源却鲜为人知，这是人类共有的文化遗产，理应让世人知晓（图0-1-1）。

图0-1-1　中国历史文化名村：城子村
（图片来源：赵红林摄，城子古村管理委员会提供）

最后，通过本书的理论研究，寄希望对当前彝族地区的乡村振兴、美丽乡村建设中的住宅设计、村寨规划能提供有益的理论参考。

---

① 杨志强，安芮.南方丝绸之路与苗疆走廊——兼论中国西南的"线性文化空间"问题[J].社会科学战线，2018（12）：9-19，281.

　　本着对乡土建筑的眷恋，及正在面临消失境况的不安，通过对"苗疆走廊"上城子村彝族土掌房的研究，探索其富有乡土气息的形式美，并在此基础上进一步揭示土掌房这一"能指"背后所蕴含的"所指"：社会、历史、文化、审美内涵。城子村土掌房见证了彝汉600余年的融合，其中蕴藏着丰富的历史文化信息，从单体建筑的结构构造到群体建筑的组合再到村寨的选址，从外观整体性的几何体量构图到室内的精雕细琢无不透露着历史的信息和祖先的印记，彰显着民族的性格和浓郁的文化习俗……这从不同的视角层次传达着独具魅力的审美文化内涵。缘此，本书将分为五个部分阐述。第一部分简述城子村土掌房的历史文化源流，为下文深入分析文化与美学内涵奠定基础；第二部分分析城子村土掌房地域适应性；第三部分分析土掌房的营造在地性；第四部分则论述土掌房的文化意义。文化是建筑的土壤，建筑是文化的产物，建筑的文化人类学是对土掌房地域文化品格的重要表达；第五部分则从建筑语言出发探索其形式美，将彝族的原始宗教、儒道哲学、选址理念结合探讨其环境美，在以上研究基础上结合其历史文化、空间形态分析土掌房的意蕴美。

二

　　本书的研究对象是一个微型的传统小社会，运用克利福德·格尔茨（Clifford Geertz）的"深描"（thick description）理论进行研究是适合的。所谓"深描"，即是指"深入到行为的表层之下去寻找积累的推论和暗示的层次，以及意义的等级结构……要发掘出可理解的象征含义框架，需要一种特别的着眼点：微观而精确的。深描的特点就是复杂的专门性和情景相关性，而这些，反过来，必须主要依靠长期的、广泛参与的定性研究。"[①]"深描"这一词来自于吉尔伯特·赖尔（Gilbert Ryle），他以眨眼这一行为为例，说明表面上看起来都是眨眼，但深入地分析就有递眼色，模仿眨眼，无意识地抽动眼皮等区别，"深描"就是将这些表面上看似相同的行为，区别出背后不同层次的意义。所谓的细小的行为之处具有一片文化的土壤。通过微观的研究，

---

① 奈杰尔·拉波特，乔安娜·奥弗林.社会文化人类学的关键概念[M].鲍雯妍，张亚辉译.北京：华夏出版社，2005：305.

关键在于特别关注的是揭示行动与文化之间的关系，由此来解释行动的意义。代表人是克利福德·格尔茨，他在其论文《深描：迈向文化的解释理论》对"深描"理论进行了全面的阐释。其代表作《文化的解释》中称："对文化的分析不是一种寻求规律的实验科学，而是一种探求意义的解释科学"①。深描理论主要涉及以下几个内容：

①文化的不确定性。格尔茨的"深描说"主张把族群文化事象纳入其生存的文化系统中进行一种"微观"的考察，以确定其在文化系统意义结构（structure of signification）中的位置，从而获得对该文化事象的理解和深层次解释。②笔者就是以此理论为指导把彝族土掌房纳入特定时空生成的文化系统中进行微观考察，采用以小见大的手法阐释蕴含其间的文化与美学内涵。

②"他认为人类学家与研究对象之间的关系并不是主客之间的关系，而是'近经验'（experience—near）与'远经验'（experience—distant）之间的关系。所谓近经验其实就是文化持有者自身的文化经验；远经验则是指进入特定地域的人类学家所携带的文化经验。"③于此在进行城子村土掌房研究中，笔者与研究对象之间搭建了良好的主客位关系，既有"近经验"又有"远经验"，即"内部眼界"与"外部眼界"。笔者生于土掌房，长于土掌房，年少时随父学过几年"石活"④，对乡土营造有一定的认知，青年后则外出求学。这样的背景使笔者与研究对象之间既不会出现熟视无睹，也不会形成主客对立的情况，而是形成一种感性与理性，阐释与被阐释的关系。"民族志的任务便是以文化持有者的内部眼界（emic）对文化系统中的文化现象进行解释，解释的方法便是一种深描的方法"⑤。

以上"深描"理论的观点对解决民族建筑研究中长期存在的现象能很好地作出解释，目前民族建筑研究中存在争议的现象具体表现为三点：

①学术伦理问题的认定，部分研究者对民居建筑走马观花式的调查或者

---

① 克利福德·格尔茨.文化的解释[M].韩莉译.北京：译林出版社，1999：5.
② 李清华.抵抗与拯救——格尔茨"深描说"的当代意义[J].楚雄师范学院学报，2011（11）：92-96，108.
③ 李清华.抵抗与拯救——格尔茨"深描说"的当代意义[J].楚雄师范学院学报，2011（11）：92-96，108.
④ 即石匠手艺的俗称。
⑤ 克利福德·格尔茨.文化的解释[M].韩莉译.北京：译林出版社，1999：57.

道听途说、胡乱拼凑。

②对异文化的调查大都采取马林诺夫斯基的参与法。该方法被认为是人类学的经典，但也存在缺陷，即细节描述过多，过于僵硬，阐释不足，在现有的民居建筑有关文本中可以明晰地看到这个现象。

③学者控制了文本的话语权，对民居建筑做自以为准确、定性的阐释，实际上一些研究成果是不被乡民认可的。

尽管马林诺夫斯基的参与观察法是革命性的，在其指导下的文本也是客观的，理论建构也是严谨的，然而在对异文化的界说上脱不开研究者操控话语权的痕迹[①]，《深描：迈向文化的阐释理论》提出了文化研究和民族志书写的理论预设，试图将"深描"作为文化研究和书写的方法，尽管一再强调对田野资料的精细化的描述，但"深描"过程本身是文本的创造过程，通过一种具体的文本描写方法，用能够揭示基本文化系统的描绘，概括和留记人们的生活本质，在"描述"背后搜寻意义的多维性，并找出人类生活背后潜在的意义结构。从内容上看，对"深描"的驾驭体现在多维视野和多层面地对文化事象的阐释，所叙之事是细腻的。[②]从主体上看，"深描"的文本叙事构思，尽量规避抽象的逻辑分析，尽量由生动的细节构成叙事情节，这对于不同的阅读主体有很好的适应性，因为追求雅俗共赏也是本书的期望。

---

① 冯学红，张海云.文化变迁研究与"深描"[J].宁夏社会科学，2008（5）：128-130.
② 同上

目录

第一章

城子村的历史溯源

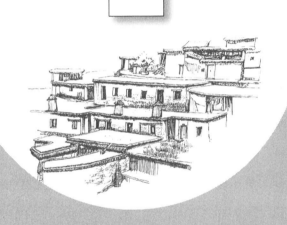

一、泸西彝族历史

彝族是由历史上游牧于甘青高原河湟地区的氐羌族群发展而来。氐羌文化是一种高原游耕游牧文化，"编发左衽""逐水草而居"是其特点。历史上由于气候变冷及战争的原因，一部分氐羌族群顺着六江流域南迁至今西南诸省，并与迁入地原住民融合形成包括彝族在内的众多氐羌民族，所迁徙的廊道被称为"藏彝走廊"。

泸西位于"藏彝走廊"中南部偏东，"苗疆走廊"西段的滇东南一带，古称迤东边郡，是红河州北大门，昆明的后花园。其自古以来就与中央王朝保持着密切关系。在战国、秦汉之际，泸西属南夷之地，彝族先民已在此活动，战国时楚将庄蹻"留王滇中"，建立古滇国，泸西属其属地，因此泸西在战国时期就已经受到先进的楚文化影响。西汉为经营南夷，遂修"南夷道"，内地的豪民随之而来，并定居下来，形成滇东南显赫的南中大姓。三国时期诸葛亮平定南中，七擒七纵孟获，到"晋至宋，滇东的历史基本上是大姓爨氏和东爨乌蛮的历史"[①]。南中大姓就是爨氏集团，爨氏分东爨乌蛮和西爨白蛮，白蛮以白族为主，乌蛮以彝族为主。隋朝至唐朝前期乌蛮就已经在泸西一带活动了，《蛮山》卷四载："东爨，乌蛮也，当天宝中（公元742～756年），东北自曲靖州、（今昭通地区）西至宣城（今元江地区），邑落相望，牛马被野……在曲靖州、弥勒川（今泸西）、升麻川（今寻甸）南至步头（今建水县南部红河北岸的阿土）谓之东爨，风俗名爨也。"唐南诏兼并滇东的爨区后"设置拓东节度、善阐府（今昆明）、石城郡（今曲靖）、河阳郡（今澄江）、通海都督（今通海），便是对这部分'乌蛮'进行统治。"[②]唐代，由于国家民族政策的开明，与边疆少数民族和睦相处，共同发展，爨氏集团获得空前发展。在这段时间里，彝族先民的贵族阶级在唐王朝的支持下建立了雄霸西南的南诏政权（公元738～937年），历时200年。唐朝的泸西

① 杨永明.揭秘滇东古王国[M].昆明：云南民族出版社，2008：10.
② 尤中.云南民族史[M].昆明：云南大学出版社，2004：232-233.

为东爨乌蛮阿庐部（弥勒部）所居，并且阿庐部势力强大。在宋大理国时期"东方滇池上下周围地带原爨区的部落分化繁衍出许多子部落，在某个特定的时间段内被称为'东方乌爨三十七部①'"②和"东爨乌蛮七大部③"。明景泰《寰宇通志》说："唐为东爨乌蛮等部所居，为羁縻州。隶黔州都督府。大和间，南诏蒙氏并其地，宋时析为师宗、弥勒二部，大理段氏莫能制。"于是逐渐强大的阿庐部具备了建立国家的条件，这时战马贸易受到其他王国和部落的制约，为了维护部落利益，必须拥有一个强有力的政权来维护，历史的必然性与偶然性在这个时空点上获得了统一，自杞国的旗帜在泸西竖起来了。到宋朝，在西南除了西爨白蛮的白族建立的大理政权外，东爨乌蛮"三十七部的于矢部号称罗殿国；些么徒蛮号称自杞国；滇南地区各部相继称为特磨道、罗孔道、白衣道等；西双版纳则号称景龙金殿国（景眬国）。"④"……三十七部中的于矢部统一了贵州南部地区，号称罗殿国；些么徒部落统一了滇池地区，东至师宗弥勒，西至江川，北达阳宗（宜

---

① 五代末宋初形成的"东爨乌蛮三十七部"：1.白鹿部，在楚雄市境内。2.罗部，在今禄丰县东北部的罗次一带。3.罗鹜部，在今禄劝县西北部的云龙，人口则散在今武定县境内。4.洪农碌券部，在今禄劝县西部。5.掌鸠法块部，在今禄劝东部的石旧上村。6.化竹部，在今元谋县境内。7.崇明部，在今嵩明县境内。8.仁德部，在今寻甸县境内。9于矢部，在今贵州省盘西、普安一带。10.普摩部，在今曲靖南部的越州镇一带。11.纳垢部，在今马龙县境内。12.落温部，在今陆良县境内。13.罗雄部，在今罗平县境内。14.夜苴部，在今富源县东南部的亦佐一带。15.罗蒙部，在今石林县境内。16.师宗部，在今师宗县境内。17.弥勒部（阿庐部），在今泸西。18吉输部，在今弥勒、泸西之间。19.褒恶部，在今弥勒、泸西之间。20.弥勒部，在今弥勒县境内。21.宁部，在今华宁县境内。22.罗迦部，在今澄江县境内。23.强宗部，在今澄江县北部阳宗一带。24.步雄部，在今江川县境内。25.休腊部，在今通海县西城一带。26.休制部，在今玉溪市区。27.嶍峨部，在今峨山县境内。28.因远部，在今元江县因远坝。29.纳楼部，在今建水南部的官厅一带。30.屈中部，在今开远市境内。31.阿迷部，在今开远市境内。32.王弄部，在今文山县西部的回龙一带。33.阿月部在今马关县西部的八寨一带。34.强现部，在今西畴、麻栗坡、马关至文山一带。35.维摩部，在今砚山县北部的维摩一带。36.和尼部，在今红河两岸。37.思驼部，在今红河南岸。"（杨永明.揭秘滇东古王国[M].昆明：云南民族出版社，2008：35-36.）

② 尤中.云南民族史[M].昆明：云南大学出版社，2004：232-233.

③《新唐书·南蛮传下·两爨传》载：乌蛮"其种类分七大部落：一曰阿竿路，居曲州故地（今鲁甸、东川）；二曰阿猛（即乌蒙，今昭通、毕节）；三曰夔（今大关、镇雄、彝良）；四曰暴蛮（贵州兴义、普安）；五曰卢鹿蛮二部落，分保竹子岭（宣威及贵州水西）；六曰磨弥敛（今宣威、曲靖、沾益）；七曰勿邓（今四川凉山南部）"。

④ 杨永明.揭秘滇东古王国[M].昆明：云南民族出版社，2008：43.

良），号称自杞国。罗甸、自杞、特磨都独自与宋王朝在广西直接进行贸易，由于他们的地理位置介于大理与广西之间，便于两边贩卖，从中取利，为谋求贸易中间人的好处，他们多方阻挠大理政权与宋王朝在广西直接进行贸易，而大理政权也无可奈何。"①（图1-1-1）南宋孝宗淳熙三年（1176年），自杞国国王阿巳以"乾真"为年号。②自杞国与南宋进行贩马贸易立国、强国、建国后，凭借着强悍的武力，开辟了南方战马丝绸线路。国力迅速上升，傲视大西南诸番。在南宋邕州官员吴儆《邕州化外诸国土俗记》载："自杞国广大，可敌广西一路，胜兵十一万，大国也。"其中政治中心位于今泸西县的"自杞国"。由于确立了"贸易立国，贩马兴邦"的正确立国之策，"还在中前期就已'独雄于诸蛮'，一跃而成为西南第一强国，从而开始了乌蛮民族的英雄时代"③。方国瑜先生在《云南地方史讲义》说："而在此后的二三百年中，大凡云南境内大的兵事，三十七部往往

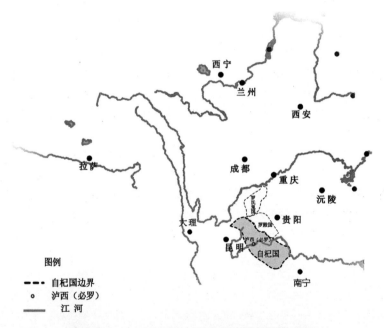

图1-1-1 宋"自杞国"在西南区域中的分布示意图

（图片来源：作者根据《泸西通史》《揭秘滇东古王国》等资料绘制）

---

① 云南各族古代史略编写组.云南各族古代史略[M].昆明：云南人民出版社，1978.

② 中国人民政治协商会议泸西县委员会.泸西通史（先秦时期—2014年）[M].昆明：云南人民出版社，2018：362.

③ 杨永明.揭秘滇东古王国[M].昆明：云南民族出版社，2008：102.

起着重要作用。"随着"自杞国"的逐渐强盛，反对"后理国"[①]的侵蚀、蒙古国的入侵，三十七蛮部的其他部落纷纷加盟自杞国，形成部落议会制度，所以"自杞国实际上是乌蛮三十七部大联盟"[②]，所控制的范围已经非常广了（图1-1-2）。明天启《滇志》载："乌蛮之名，相沿已久，其种类甚多，今讹为罗罗，凡黑水（红河）之内，依山阻谷皆是。"地方学者杨永明研究认为随着蒙古帝国"先下西南，迂回包抄"的战略，与"自杞国"发生了悲壮的滇东高原大战。自杞国面对蒙古铁骑，毫无畏惧，组织全民抗战。抗蒙战争持续六年，南宋理宗开庆元年（1259年）自杞国国王战死，自杞国最终遭"灭国灭史"，致使滇东三百年的历史一片空白，至此乌蛮的英雄时代结束，泸西的历史星空也随之沉寂下来。但自杞国的抗蒙之战客观上为延缓蒙古军队南北夹击南宋发挥了重要作用。南宋，蒙古铁骑在征服西南各少数民族的过程中，一方面实行残酷的军事镇压，另一方面则是加强对少数民族中的贵族进行拉拢，到元朝发展为分封各少数民族地区各族首领的世袭官职——土司制度。到元朝，中央政府在泸西设广西路，这时的彝族称为"广西蛮"。《明史·地理七·云南》中记载："广西府，元广西路，洪武

图1-1-2　自杞国疆域示意图

（图片来源：杨永明.揭秘滇东古王国[M].昆明：云南民族出版社，2008：1.）

---

① 后理国（1096～1253年），宋朝在今云南建立的以白族和彝族为主体的少数民族政权。

② 杨永明.揭秘滇东古王国[M].昆明：云南民族出版社，2008：58.

十五年三月为府"。明朝土司制度对彝区经济社会发展发挥着重要作用。土司，即"利用土著少数民族中的贵族分子沿袭充任地方政权机构中的长官，以便依据地方经济状况'额以赋役'，政治上则听从封建中央的驱调"[1]。"明代前期，境内多由彝族领主统治，广西土府大小土官共14家，其中13家是彝族首领担任。直到明成化十七年（1481年）明王朝对广西府实行'改土归流'后，土官统治才先后结束。这个时期的彝族曾被称为'广西蛮'"[2]。元明时期的"广西蛮"自称"罗罗"。《明史·土司传》载："其道在于羁縻，彼大姓相擅，世积威约，而必假我爵禄，宠之名号，乃易为统摄，故奔走唯命。"明王朝在今泸西设立"广西土府"，由当地的彝族贵族——昂氏家族任土知府，统辖周边数县。"明广西府治即今泸西县，旧府城在矣邦，成化中始筑今城"[3]。"广西府境为南诏、大理以来的弥勒、师宗、维摩等部分的分据区域。除此四部以外，同区域内还有许多零散小部，各部之间很难统一。明朝初年，以弥勒州彝族中的贵族分子为广西府土知府。"[4]然而到了明中后期，土司制度严重阻碍了经济社会的发展及威胁到明王朝在西南的统治，明王朝为了加强对少数民族地区的控制，实行"改土归流"政策。在明成化十七年（1481年），广西土知府昂贵造反，官兵对之镇压，实现了改土归流便是一佐证。"广西府属弥勒州，土知州乃广西土知府普德家族中人。普德家族在弥勒州彝族中没有多大影响，不能进行有效的统治，所以明弘治六年（1493年）明朝廷便废除弥勒土知州而改设流官知州。"[5]泸西在清代为广西直隶州，曾是滇东南经济、政治、文化的中心之一，历史上有"商旅络绎，车马辐辏"的繁荣景象。[6]1913年改为广西县，1929年改为泸西县。取名泸西有三层含义："漏江县的'氵'，阿庐部的'卢'，广西府的'西'"[7]。泸西县称为"阿庐大地"，境内居住着汉、彝、壮、苗、傣、回等民族，各民族和睦相处，互相学习，使得泸西文化具有明显的交融性。历史以来，各民族共同生活共同缔造了"阿庐文化"。泸西彝族由于长期与外来人口融合形成了很多支系，有小白彝（小白彝又分平头白

① 尤中.云南民族史[M].昆明：云南大学出版社，2004：349.
② 泸西县志编纂委员会.泸西县志（民族编）[M].昆明：云南人民出版社，1992：693.
③ 龚荫.明清云南土司通纂[M].昆明：云南民族出版社，1985：295.
④ 龚荫.明清云南土司通纂[M].昆明：云南民族出版社，1985：10.
⑤ 龚荫.明清云南土司通纂[M].昆明：云南民族出版社，1985：410.
⑥ 泸西县志编纂委员会.泸西县志·民族编[M].昆明：云南人民出版社，1992.
⑦ 杨永明.揭秘滇东古王国[M].昆明：云南民族出版社，2008：31.

彝、尖头白彝）、大白彝、黑彝、干彝、撒尼、阿乌、阿细等，主要集中分布在泸西的东部和南部，西北部、北部较少（图1-1-3）。

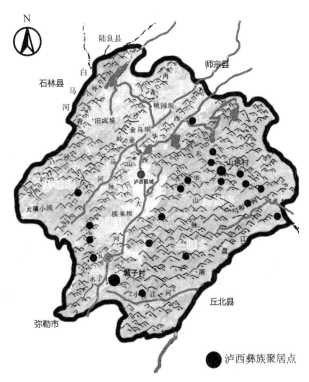

图1-1-3　泸西彝族分布示意图

（图片来源：作者自绘）

二、彝族土掌房源流

（一）彝族民居概况

彝族历史悠久，支系众多。不同地区不同支系建筑风格迥异。如滇南地区的土掌房（平顶式），滇黔交界区的一字房（上栋下宇型），凉山的棚屋（风篱式），小凉山的木楞房（井干式），大小凉山的瓦板房、草房，彝汉杂居区的合院建筑等。彝族建筑学者温泉从建筑文化分区将西南彝族建筑分为凉山系、乌蒙系、红河系、滇西北系四类[①]，具有启发性。

从大片区来看彝族主要分布在云南的红河州、楚雄州，四川的凉山州。从小

---

① 温泉.西南彝族传统聚落及建筑研究[D].重庆：重庆大学，2015：65-76.

聚居来看，云南是唯一一个在每个县都有彝族分布的省份。因此彝族与其他民族呈交错杂居状，长期以来各民族文化多元交融，不同的彝区形成风格绝然不同的建筑形式。对于彝族民居的分类已有不少学者探索过。比如杨普旺的《云南彝族民居文化简论》分为六类，陈永香的《彝族民居民俗文化研究》分为五类。他们的分类各有优缺点，但土掌房、闪片房、茅草房、垛木房已达成共识。笔者综合他们的研究成果进一步细分为六类：平顶土掌房、闪片房（瓦板房）、茅草房、木楞房、一颗印、上栋下宇的"一字式"。无疑，作为西南广泛分布的民族，彝族民居建筑丰富多样，既有合院式的"一颗印"，也有井干式的木楞房，还有邛笼系的土掌房，及其他衍伸的类型。

在众多彝族民居中，土掌房是彝族最具代表性的住屋类型，主要属于"红河系"，最能代表彝族的原生建筑文化，是彝族重要的文化符号之一。也是本书所要研究的重中之重。土掌房大多分布于干热或是湿热的山区半山区，是适应特定自然环境的产物。其最大特征就是平屋顶，"《新唐书》载，南诏时期的彝族先民'其所居屋皆平顶'。"[①] 早期的平顶土掌房是墙与木结构共同承重，到后期在汉化程度较高的地区逐渐演化为墙垣不承重，承重结构与维护结构相分离。材料主要是土、木、石三种生态材料。墙由夯土及土坯（或土基）筑成，在墙上架圆木或是大梁，大梁上密铺柴块、竹子、小木棒等，再在其上铺以树枝、稻草、藤蔓等，上面再敷一层稀泥，在上面铺一层黏性极好的黏土，用木槌锤实并平整，最后在外檐处砌一层土锅边。这类土掌房以"独栋式"和"合院式"为主，独栋式主要分布在滇东南的泸西、弥勒一带。合院式受汉文化影响深刻，主要分布于滇中的通海、华宁、峨山、新平、双柏县一带及滇南的元江县一带。滇南与彝族杂居的哈尼族、傣族也有建盖土掌房的。因为滇南普遍雨水众多，为了适应这样的气候，许多土掌房既有瓦房顶的部分，又有土掌房的部分，形成"局部瓦檐土掌房"。这类土掌房仍然属于"红河系"（图1-2-1）。一般正房三间是双坡瓦顶屋面（在经济能力有限的地方是双坡草顶屋面）、耳房、倒座、牲畜棚或者其他杂货房则跟上一类一样是平顶土掌房。这一类土掌房在彝汉杂居的地方比较常见。

---

① 杨普旺.云南彝族民居文化简论[J].中南民族学院学报（哲学社会科学版），1995（2）.

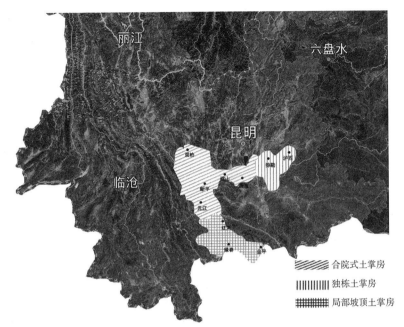

图1-2-1　土掌房三种类型的部分区域示意图

（图片来源：作者根据《西南彝族传统聚落与建筑研究》绘制）

（二）彝族土掌房的源流

在长期的劳动生产过程中彝族创造了自己灿烂的民族文化艺术，其土掌房建筑就是其中的一朵奇葩。虽然哈尼族、部分汉族、傣族地区也有分布，但土掌房是彝族最具代表性的民居建筑形式，是彝族的符号。本书从史学的"本土陈述"和"民族迁徙"两个角度阐述彝族土掌房的源流。

1."本土陈述"视角

追溯历史，西南地区的远古先民曾经历了穴居、半穴居、地面起建黏土木结构住屋、干阑式住屋等建筑形式。青铜时代，西南地区出现了干阑式住屋形式。东汉时期，砖瓦、石灰等材料开始被运用于建筑当中。南诏、大理国、自杞国时期，汉式建筑在西南地区有了更广泛的传播。这个时期井干式和土掌房等带有更多本土色彩的建筑形式在滇西南、滇南地区也多有分布。元明以后，汉式建筑在西南地区的影响更大，并成为很多地方建筑的主体形式。[①]

从先秦时期的文化遗址看，西南已经是多元文化共存格局了，各民族的祖先

---

① 张增祺.云南建筑史[M].昆明：云南美术出版社，1997.

分别在他们的居住区域内创造了灿烂、别具一格的文化，同时也创造了丰富多彩的住屋形式，如天然穴居发展而来的半地穴式住屋、地面式的生土建筑，由巢居发展而来干阑式、井干式。若追本溯源，西南土掌房的土木结构，与传统中国的木构架建筑体系起源上有相似的地方。土掌房是以土、木、石为主要建筑材料，夯土墙和柱子共同承重。再在屋顶上铺黏土压紧锤平而成的木构架建筑。从现存的土掌房的结构、用料、建造方法、传说记忆，以及结合中国传统木构架建筑起源的研究成果可以推断土掌房源于原始穴居。

穴居是人类童年阶段的居住形式。那时生产力极端低下，人的本质力量还处在萌芽阶段，不具备建造住屋的能力，只能向大自然借助庇护所。《墨子·辞过》说：古之民未知为宫室，时就陵埠而居，穴而处，下润湿伤民，故圣王作为宫室。《孟子·滕文公》载："下者为巢，上者为营窟"。意思就是地势低洼潮湿的地方选择巢居，高台的地方则选择穴居。从这些记载中一方面可以证明人类早期"穴居而野处"的事实。从当前的考古情况来看，关于旧石器时代之前的遗迹普遍都是在洞里发现的。就西南而言，维西县戈登村洞穴遗址、红河州建水燕子洞、泸西阿庐古洞等较具代表。

彝族先民们的住所形态尚无详细记载，据流传于滇南和双柏县的彝文古籍《查姆》说，人类之初是"老林作房屋，岩洞常居身；石头随身带，木棒拿手中，树叶做衣裳，乱草当被盖。"还有彝族文献记载："在那远古时，那时的人们，没有居住的，苍天白茫茫，大地阴沉沉；天地作房屋，寒风刺肉骨，下雨淋身上。查施这能人，能人这一个，砍回树木来，搭起简窝棚，人人像他学，人类有居所。"在泸西也有关于彝族先民阿庐部落居住于阿庐古洞的传说，并且通过考古发现在这里的确有人居住过。还有彝族撒尼人《开路径》描述的"……祖先赶着羊，住进花花洞。花洞是祖洞，祖洞是公房。树叶脱下身，兽皮穿上身……"这些都是彝族先民巢居与穴居的记忆痕迹。

人类祖先为了抵御自然灾害和洪水猛兽，最早是利用自然洞穴作为自己的居住方式。然而随着人类社会的发展，天然洞穴的局限性日益显现，人类必须对自己的栖身环境进行调整，以使自己获得生存所需的居住空间，得到必要的安全保证。基于生命延续的需要，加之在天然洞穴中居住所获得的经验知识，以及一些自然启示，人类逐渐学会了制造和使用工具，不断地从大自然中获得灵感，模仿自然，开始建造自己的住所，于是在天然穴居的基础上产生了半洞穴式住屋，即在地面上挖一个不同形状的竖洞，再在上面搭建一些简单的遮盖物。通过考古发现，在新时期时代，人类已经能够建造简单粗糙的住屋了。在今天的楚雄州永仁县菜园子新石器遗址发现了圆形的半穴居住屋遗址，这是从穴居到地面建筑演变的典型例证[①]。

从先民们共有的神话传说中也能给我们穴居演变的想象。泸西彝族先民们走出洞穴时，便用树枝、茅草等搭建窝棚作为住所。后来，这种又矮又窄的窝棚已不适应居住需求，他们就在"树林直立""株距成空间"等自然现象的启发下，便把窝棚拆了重建，于是就出现了早期的权权房，即竖几根顶端有丫权的木柱，在上方横直搭上一些木棒，铺上树枝茅草，四周也用树枝茅草遮挡，并留一洞口进出。这种权权房后来经过不断改进，成了彝族人几千年来最为普遍，使用时间最长的蘑菇房和茅草房。茅草房干燥、舒适、温暖，它的建盖和使用，是彝族先民智慧的结晶，标志着彝族人民摆脱了单一的狩猎、采集生活而向固定居住、农耕和饲养畜禽的文明转变。

随着经验的不断积累，住屋逐渐脱离穴居模式，对自然的依赖逐渐减少。人的本质力量越来越凸显。人类可以在地面上建造自己的住屋。在奴隶社会时期，夯土技术基本成熟，并沿用了几千年，直到今天，彝族土掌房的外墙，基本都是沿用这种夯筑技术。从新石器时代起，云南许多地方都发现过梁架式的木构建筑，墙壁和屋顶多用树枝及荆条编织，然后再用草拌泥涂抹。这可能就是土掌房的最早雏形。[②]早期彝族人的茅草房都是建在树林茂密、山势陡峭，在陡峭中又有凹陷平缓背风之处。随着防御需求，节省土地的需要，几十户或百多户人家依山势盖在一起，形成高密度的土掌房群落。泸西县彝族城子村可能就是这样建成的。当地人称土掌房为"土库房""土箍房"。关于城子村至今仍然流传彝族先民"阿力""阿嘎"教人建土掌房的传说与民歌：

"一个夜晚，突然天神发怒，雷鸣电闪，狂风大作，暴雨倾盆。酣睡中的阿力被惊醒，看到草房到处漏雨，无处藏身，一时又难以找来茅草加盖屋顶。情急之下，看到茅屋四周的土被雨水淋成稀泥，就叫全家人一齐动手，把稀泥捧起，胡乱地往屋顶上灌。一会儿奇迹出现了，竟然控制住了雨水的倾漏。阿力的偶然举措启发了其他人，他们纷纷效仿，并把屋顶框架进行改进，把原屋顶随意搭上

---

① 戴宗品，周志清，古方等.云南永仁菜园子、磨盘地遗址2001年发掘报告[J].考古学报，2003（2）：263-296，325-328.

② 李程春.滇南彝族人家的"退台阳房"——土掌房今昔[J].民族艺术研究，2007（5）.

的横竖木改进成有序排列并加密，去掉树枝加厚茅草铺平，填上稀泥敲打结实，周围的茅草也都糊上泥巴。房子中央设有一火塘，昼夜柴火不灭，用于烧烤食物和取暖，全家人就火塘边而眠，夜里燃烧的火焰使得野兽不敢来犯。这样，既可遮风挡雨，又舒适的土掌房雏形就诞生了。"

"不知又过了多少年，一天夜里，一只老虎突然闯进一户人家，衔走一女孩。几年后，女孩逃了回来，生下了一个虎头人身的男孩，取名阿罗（彝语"罗"即虎）。小男孩生性刚烈勇猛，不论采集果实、狩猎还是抗击外族来犯，均敢冲敢闯，无所畏惧，所向无敌。后来，在与群兽的搏斗中牺牲了。"[1]

通过以上神话可将今天呈现在我们面前的土掌房解读为由神话传说和虎神崇拜结合的最终产物。彝族先民认为阿罗的灵魂已经升天成为神，为了获得神的庇佑，他们就把虎奉为虎神，并认为虎与人类有血缘关系，是他们的祖先神，他们认为"骨是虎造，血是虎生"。因而今天彝族仍然认为自己是虎子虎孙，仍然盛行虎崇拜。此外，从城子村的神话中可知虎崇拜也与土掌房的形成有关。在"阿嘎建房"的传说中，聪明能干的阿嘎是虎神在人间的化身，他依照虎神的旨意按照虎的样子教人建盖土掌房。人们为了纪念阿嘎，专门编了一首"阿嘎教人建土掌房"的民歌：

窝棚不好住，风雨来侵袭，
暴雨常漏下，阿嘎小伙子，
教人盖土房，大梁像虎背，
四柱像虎脚，房顶似天盖，
洞壁用篱笆，土掌怎么盖？
男的扛木料，女的背泥土。
柱子怎么砍？留下丫杈用，
柱子怎么支？篱笆来围固，
柱脚怎么支？土松垫石头，
土硬就支柱，柱摇怎么办？
篱笆掼泥巴，柱子齐竖好，
用人来扶住，丫杈搭承重，

---

[1] 以上资料于2011年笔者调研时由城子古村管理委员会提供。

藤捆丫杈处。楞子怎么铺？

间隔有一掌，木棒破成片，

顺着楞子铺，木片铺好后，

松毛来遮盖，接着铺稀泥，

并把边栏糊，怎么加土层？

土质选坚实，铺上一撮厚，

敲时要洒水，稍干再夯实，

留口雨水出，有时会通洞，

一把土来填。房内怎么铺？

一间围火塘，一间装什物，

一间关牲畜，前边安道门，

出进把门关，野兽进不来，

风雨门外阻。房子盖起来，

虎神佑丰收，彝家多齐心，

过着好日子。①

　　就西南而言，"早在新石器时代的中期的河旁台地出现了从地面建起的黏土木结构住屋。距今大约有4000年的宾川白羊村遗址共发现房址11座，均为长方形地面建起的黏土木结构住房。"② 同样的从今楚雄州元谋县大墩子遗址的地面建筑遗址可知，当时的人们是聚族而居，村落有一定规模，能够利用土木建造简单的房屋，这种房屋平面呈矩形，跨度较小，室内无柱子，木骨泥墙，屋顶横向架檩，纵向放椽，屋顶有一定坡度，上铺杂草抹泥巴（图1-2-2）。据考古学家分析，原顶部似为略带倾斜的密梁平顶结构。元谋大墩子遗址中的房基分为早、晚两期。早期房子的大致建造工序为，居住面多就地略加平整，铺垫纯净的黄土，再经踩踏或夯实成硬土面，也有的表面涂草拌泥。墙基四周挖有沟槽，柱洞掘在沟槽中。木柱插入柱洞后，再于沟槽内填土夯实，有的柱洞中用草拌泥和碎陶片填塞，以增强其稳定程度。木柱间编织荆条或树枝，似篱笆形，内外两侧均

① 以上资料于2011年笔者调研时由城子古村管理委员会提供。可参见杨俊.古村神韵[M].北京：中国文化出版社，2013.

② 王四代，王子华.云南民族文化概要[M].成都：四川大学出版社，2006：33.

涂草拌泥，厚约5厘米，表层较平滑，个别地方留有手掌抹压的指纹或工具拍打痕迹。这种简单的木结构住房被认为是土掌房的原始形态。[①]20世纪80年代初云南省设计院《云南民居》编写组调查发现，在哀牢山、无量山山区，元江、新平、红河、元阳、绿春等地是"成村成寨的土掌房随处可见。"[②] 现在，随着工业化、现代化的发展，完整的土掌房群落已不多见。西南地区已知保存最完整和面积最大的当属坐落在泸西县城子村的土掌房群落。

 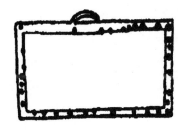

图1-2-2　元谋大墩子遗址复原图

（图片来源：张增祺.云南建筑史[M].昆明：云南美术出版社，1999：25.）

2."民族迁徙"视角

随着彝族起源、迁徙、形成研究不断向着纵深方向推进，关于彝族土掌房的演变研究不能在简单地从物质环境决定论下的"本土陈述"进行判断。笔者通过对土掌房形成的"在地"环境反思与质疑，将彝族史料及考古资料置于大区域、大迁徙的藏彝走廊下，从族群角度勾连彝族史与彝族土掌房的关系，以"源－流－聚－拓"为分析思路，重新书写彝族土掌房的演变文本。通过对长期以来彝族建筑研究囿于"建筑本体"的叙事传统进行反思与再书写，以期深化民族建筑史跨学科讨论的认知，推动学术创新。

1）基于"在地"环境视角的反思与质疑

土掌房的形成建筑学者主要从静态的物质环境决定论出发，认为地域环境是土掌房形成的核心因素，以至于在学界得出土掌房是因地制宜的典范[③]，并固化为学术界习以为常的一种专业常识。

土掌房主要分布于滇中、滇东南、滇南的亚热带彝族聚居区，也是与彝族杂

---

① 张增祺.云南建筑史[M].昆明：云南美术出版社，1999：25.

② 云南民居编写组.云南民居[M].北京：中国建筑工业出版社，1986：78.

③ 姚宗里.新平彝族土掌房地域适应性体现[J].华中建筑，2013（2）：151-155.

居的部分哈尼族、傣族的住屋类型。这些区域总体降水充沛，温度较高，干湿季分明，而靠南部空气湿润。根据"环境决定论"，多雨地区往往选择有利于排水的坡屋顶，而土掌房的平顶却与之相悖。整体看，人们对保温隔热需求不大，并不需要厚重封闭的墙体和屋顶。因此土掌房与地理气候是不匹配的。云南的大环境属南方干阑式建筑的主要分布区域之一，而平顶土掌房呈"带状斑块"分布，周围的建筑不论是干阑式、井干式，还是"一颗印"建筑，以坡屋顶为主，相比较土掌房的分布显得突兀。再从大区域视角看，类似的平顶建筑在国外的中亚，国内的新疆、甘肃、青海、西藏、川西、滇西北地区普遍存在，如阿拉伯世界的伊斯兰传统建筑，以及我国新疆的"阿以旺"、青海的"庄廓"、藏羌地区的"碉房"等。这些地区干旱少雨、温差大，平顶表现出强烈的自然适应性。以上"大环境""大区域"视角间接证明土掌房是"在地"环境产物的观点值得商榷。那么平顶土掌房是否是外来建筑文化的移植？是否与其他地域的平顶建筑有源与流的关系？

通过对土掌房形成原因的反思与质疑，认为关于土掌房演变的研究具有"物质环境决定论"、静态的"本土陈述"倾向。本书试图从民族迁徙的史学角度，结合考古学资料，以"源-流-聚-拓"的思路对彝族土掌房的演变进行动态的"历史再叙事"。

2）民族迁徙史下彝族土掌房屋顶演变

根据史料和考古认为彝族是发源于西北甘青高原游牧的氐羌族群[1]，由于气候变化[2]及战争[3]的原因，部分氐羌族群沿着横断山区的大江大河南迁，形成著名的"藏彝走廊"[4]。在藏彝走廊内众多氐羌后裔共享"平顶"建筑形制。从民族迁徙史看，彝族土掌房是氐羌建筑文化基因的继承与再现，今日所见形制是对地域环境长期调适的产物。

（1）源：甘青高原的建筑原型

氐羌族群后裔分享的共同遥远记忆可视为彝族文化的原型，文化原型可从神话传说、古歌等形式中挖掘，而探寻土掌房原型则缺乏文献支撑，只能借助考古资料，并结合发源地现存建筑形态进行"跨时空"关联建构。根据考古可知，距

① 彝族简史编写组.彝族简史[M].昆明：云南人民出版社，1987.

② 竺可桢.中国近五千年来气候变迁的初步研究[J].中国科学，1973（2）：168-189.

③ 耿少将.羌族通史[M].上海：上海人民出版社，2010：7.

④ 石硕.藏彝走廊历史上的民族流动[J].民族研究，2014（1）：78-89，125.

今3万年前甘青地区气候宜人，已有人类居住。在新石器时代相继出现了马家窑文化和齐家窑文化。在齐家窑文化中已经发展出平顶建筑的雏形。根据《甘肃永靖大何庄遗址发掘报告》可知大何庄建筑遗址F2、F7墙体由四根木柱支撑屋顶，"至于屋顶的形式，从房址中间草泥土堆积的厚薄大体相等，以及柱洞的相对位置，再结合当地现代的住房特点来看，这座房屋的屋顶中间部分很可能是方形平顶"[1]。从平面来看，F2、F7内部都有圆形灶址，这可能是氐羌族群共有火塘原型。从F2、F7的复原图看，其结构、功能、屋顶形制与彝族土掌房上有高度的一致性（图1-2-3）。今天生活于甘青地区的土、回、撒拉、藏、汉等民族的居住形式——庄廓，以土木为主要材料，也是采用平顶形制。庄廓建筑既是对先秦时期氐羌先民建筑原型的继承与发展[2]，也是对少雨、干冷的自然环境的适应性选择。通过对甘青高原氐羌先民住屋形制的考古分析，并"跨历史"与现在甘青地区的"庄廓"建筑进行比较，认为土掌房与之有"同源性"。

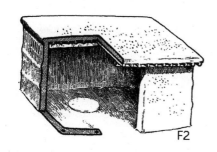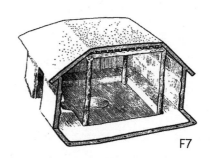

图1-2-3 甘肃永靖大何庄遗址：居住复原图

（图片来源：中国科学院考古研究所甘肃工作队.甘肃永靖大何庄遗址发掘报告[J].考古学报，1974（2）.）

（2）流：藏彝走廊的流转迁徙

在距今约4200年前，出现了古气候学所称的"4.2千年事件"[3]，气温降低对以游牧为主的甘青高原氐羌族群的畜牧业产生深刻影响，同时受周边部族的攻伐之苦，迫使一部分氐羌族群向气候温暖，物产丰富的南方迁徙。受到南北向高山大川的阻隔，氐羌族群未能跨过高山，只能沿着六江流域南下，所迁徙之地形成著名的"藏彝走廊"（现在也有"藏羌彝走廊"的提法）。"藏彝走廊"的提出为解

① 中国科学院考古研究所甘肃工作队.甘肃永靖大何庄遗址发掘报告[J].考古学报，1974（2）：29-62，144-161.

② 崔文河，王军."游牧与农耕的交汇——青海庄廓民居"[J].建筑与文化，2014（6）：77-81.

③ 李晓岑.气候变化背景下的铜与氐羌民族[J].西北民族研究，2018（2）：54-162.

释西南氐羌族群各民族众多问题提供了"大区域""大历史"的叙事框架。"氐羌系统民族从'流'的角度看，形成了具有同源异流关系的三个民族集团，分别是藏语支、羌语支、彝语支民族以及土人（土家族先民）。"①族群迁徙必然携带自身的文明因子一路南下。藏族、羌族、彝族是氐羌族群后裔的主干民族，其分布范围广泛，力量强大，对遥远祖先深层文化基因保留最多。发源于甘青高原的平顶建筑除了在当地演变为今日之庄廓外，也将种子播撒至"藏彝走廊"各处，由于战争频繁，迫于族群的生存压力，在传承建筑原型的基础上强调靠山择址和军事防御。《后汉书·西南夷传》载："冉駹（古羌人的两个部落）者……终皆依山居止，磊石为室……为邛笼。"《蜀中广记·风俗记》引《寰宇记》载："高二三丈者谓之鸡笼（邛笼），十余丈者谓之碉，亦有板屋土屋者。"从古文献可见氐羌后裔在流转迁徙过程中演化而成的邛笼、碉楼、板屋、土屋等建筑形制具有"同源异流"的特点。这些建筑类型以"连续带状"的空间分布特征广泛分布于今天的甘南、川西（图1-2-4）、藏东②、滇西北、滇中、滇东南、滇南区域。虽然这些建

图1-2-4　川西羌族平顶民居

（图片来源：作者自摄）

---

① 王文光，段丽波.中国西南古代氐羌民族的融合与分化规律探析[J].云南民族大学学报（哲学社会科学版），2011（3）：32-34.

② 杨嘉铭.丹巴古碉建筑文化综览[J].中国藏学，2004（2）：93-103.

筑类型分布各地，并表现出地域的差异性，但平顶、厚墙、适应干冷少雨气候等特征却是一致的。也正因为这些共性，西南一些民族建筑学者将之归为"邛笼谱系"[1]，但少有学者探讨其更深层次的源流问题。邛笼谱系中的"土屋"与邛笼建筑的差异主要体现在用材上，"邛笼"是石筑民居，"土屋"以土为材，这是不同地域因材致用的结果。因此我们可以判断文献记载的"土屋"最接近土掌房，甚至我们可以推断在历史上的某个时期在藏东、川西地区可能大量存在土掌房。只是随着不断迁徙，战争频发等因素土掌房向着更能适应防御的碉楼演化，也或者消失了，却在迁入的更偏远地区得以保留。从分布来看，土掌房位于"邛笼谱系"分布链条的末端，但却始终与发源地、藏彝走廊保持着显著的关联性、传承性。

（3）聚：聚族而居的定居生活

源于西北游牧的氐羌族群在南下迁徙过程中不断寻找栖息地，藏彝走廊既是迁徙路线也是聚居家园，一些后裔延续游牧的生计方式，如藏东、川西高山区的部分藏羌民族、乌蒙山的彝族等。但大多数氐羌民族迁徙到西南河谷、坝子[2]、山区等适合农耕的区域，在当地民族的影响下逐渐向着聚族而居的农耕定居生活转变。分布于滇中、滇东南、滇南的彝族也是遵循这样的演变逻辑，逐渐由游牧向着"农耕为主、牧业为辅"的经济结构转变。族群迁徙实质上是争夺生存空间和生存资源，难免与迁徙地的原住民发生各种争端、摩擦，这也许可以解释氐羌后裔（主要是藏、羌、彝）的建筑逐渐演变为防御性极强的"邛笼系"的历史原因。

以农耕为主的定居生活为族群发展、聚落规模化演变提供了物质条件。高密度聚集的土掌房群落是彝族"外忧"环境的产物，也是对山地生计环境的高度适应，表征了防御自保的军事性和农耕适应的经济性。军事层面，聚落选址山地，这是彝族为应对周边众多部族的攻伐，也是对氐羌先民在迁徙过程中防御经验的继承。为了建构对内团结，对外防御的聚落体系，土掌房建筑群强调户与户之间的连通，内部因地势形成各种各样的小径，屋顶层层叠叠，左右相连，上下相通，整个聚落由各户民居共同构成完整的体系。彝族土掌房的高密集性是区别于藏、羌民族及周边聚落建筑（有间距，强调独立性）的一大特征。在藏羌地区

---

① 蒋高宸.云南民族住屋文化[M].昆明：云南大学出版社，1997.

② 山间局部的小平地，直径在10公里之内，西南山区是坝子分布最多的区域。

因为军事特征极强的碉楼能够有效保证村民的安危，因此民居建筑呈"散点"分布。彝族土掌房建筑群缺乏专业的防御建筑，通过变通，采取"抱团取暖"的方式，人人是战士，村落就是一个大堡垒。可见选址山腰、高密度聚居、屋顶上下左右连片特征是族群防御的变通产物。

随着社会的安定，土掌房的防御需求逐渐降低，但是土掌房以上特征却得以存续至今，根源是对生产生活的高度适应。彝族是以"农耕为主，畜牧为辅"的经济结构，选址山地首先具有"上可放牧，下可耕作"的优越性。其次山区平地稀有，仅有的平地用于耕作。再次，选址山腰、高密度聚居的特征缺乏晾晒粮食的庭院，缺乏集会的公共空间，而源自甘青高原的平顶建筑不但利于初期整体防御，而且能解决晒场、公共空间缺乏的困境。为了充分利用密集的平顶空间，进一步团结族众，形成"下家的屋顶是上家院子"的独特景观现象（图1-2-5）。这是"对内团结"在生产领域的延续。平屋顶与生产的勾连，必然导致村民生活的和谐。时至今日，村民通过连接的平屋顶串门，在平屋顶开展聚会、聊天、餐饮、歌舞等各种公共活动，构成一幅"和谐社会"的美好画卷。

（4）拓：珠联璧合的彝汉融合

经过甘青高原的孕育，藏彝走廊迁徙的经验积累，定居生活的千年沉淀，土掌房继承了氐羌先民的基因，吸收不同民族、不同地域的优秀因子，最终自成

图1-2-5 土掌房屋顶景观

（图片来源：徐波摄，城子古村管理委员会提供）

一体。然而在明王朝陆续对云南实行"改土归流"^①政策后，大批内地汉人陆续迁入，占据主流的少数民族文化受到冲击，之后形成汉族与各少数民族杂居的格局。其中滇中、滇东南、滇南彝区地势平坦、交通发达而受汉文化影响深刻，促成了土掌房向着珠联璧合的彝汉风格拓展。

土掌房屋顶形态变化与汉式建筑的平面布局、营造技艺、新材料传入关系密切。早期土掌房多为"一"字式平面，空间分割简单，受空间限制，很多空间承担多重功能。因此早期的土掌房顶面为简单"长方形"状。彝族工匠吸收了汉式合院式的做法，产生曲尺形、三合院、多进四合院等布局。平面布局的变化直接导致屋顶形态的丰富性。耳房（即厢房）是构成合院的重要组成部分，为了增加山区晒场，耳房皆为平顶。演变至今，土掌房屋顶类型可以概括为"平顶正房""平顶正房＋披檐""平顶正房＋平腰檐＋平顶耳房""平顶正房＋斜坡腰檐""双坡正房＋平顶腰檐""双坡正房＋单坡腰檐＋平顶耳房"。但总体来看，坡屋顶较少，主导建筑语汇是平顶，间接反映了氐羌建筑基因的强大，但又因为其他汉式建筑元素的介入，整个屋顶形态统一中有变化。从土掌房屋顶演化趋向看，体现为彝式平顶与汉式坡屋顶结构形态的融通发展。传统土掌房为平顶，穿斗式结构，承重柱支撑着大梁，梁柱间是围合的墙体。为适应亚热带气候，在屋顶与墙交接处留一道缝隙作为采光和通风之用。墙上的主梁密铺楞子，楞子上密铺树枝、葵花干等枝条，当地称"撒子"，上铺松毛、柴草，上捶打3～5道的干土，构成夯土层，所铺须为透水性较小的黏土，俗称"胶泥土"。为了防止夯土层开裂，需要按照方格网对夯土层进行切割，类似于现代建筑中的"伸缩缝"，沿着方格网缝隙用干黄灰填充。遇到雨天缝隙间的灰土流失严重，天晴后添补即可。随着石灰的传入，为了降低雨水、风力等大自然因素对屋顶土层的侵蚀，在屋顶面刷一层石灰浆，使土层凝结硬化。为了加强屋顶的稳固以及雨水的集中排除，在屋顶边沿垒砌高约20厘米的一层土锅边。根据对村中长者访谈可知，在民国年间，一些富裕人家的屋顶已经使用"洋灰"，而"洋灰"就是从国外高价购买的水泥。

滇东南城子村是彝汉融合的典范，其屋顶既延续了氐羌的基因，也出现了一些汉式做法，向着彝汉融合演进。首先是在山墙两侧及部分后檐墙出现披檐，挑檐梁挑出50～60厘米，挑檐梁上架短柱，或者其上叠加穿枋和横梁，1米左

---

① 龚荫.明清云南土司通纂[M].昆明：云南民族出版社，1985：295.

右的短椽一端搭在屋顶的土锅边下，一端搭在横梁上，坡度约30°～45°之间。短椽间距一般是18厘米。短椽上铺板瓦，短椽的前面有一块封檐板，当地俗称"状元板"。其次是腰檐的出现并成为主流。早期土掌房没有腰檐。腰檐是汉式建筑的基本语汇，这一建筑语汇被彝族工匠吸收。彝族工匠认识到腰檐对正立面的夯土墙和门窗具有很好的保护作用，同时又能创造一个半开放空间，很多农活在这个空间中完成，当地称为"厦廊"。瓦极其昂贵，当地工匠遂结合实际需求将腰檐做成平顶形式，以降低建造成本，这样的改革适应性极强，既能保护墙体，又增加了晒场，在美学上还丰富了层次感。后来当地工匠掌握了烧瓦技术，土掌房的平面腰檐逐渐向着单坡腰檐转变。首先变化的是腰檐下两根穿枋将檐柱与前金柱连接，在檐柱外，穿枋之间的空隙加一根短枋。上枋外端部及檐柱顶部各有一根横梁，上架短椽，长约2.5米，坡度约45°。腰檐高低有差异，结构也略有微差，但原理一致。

由于技术及地域限制，由平屋顶向坡屋顶转变经历了很长时间。目前存留的土掌房村落中，双坡瓦顶零星分散，虽然不是主流，但这是彝汉建筑文化融合发展深入的反映。据村民介绍，双坡屋顶长期得不到发展，是因为不适应这里的农耕经济。在民国时期附近地势平坦的村庄民居普遍为双坡草顶。但山区因为缺乏晒场，只有平屋顶能满足需求。从外形看，双坡屋顶的结构与其他汉族村寨的做法基本一致。但我们发现在童柱两侧有斜撑，这在附近汉族村寨是看不到的，这说明梁柱连接的榫卯技术不成熟。另一类正房屋顶结构是抬梁与人字架结构结合：一根通梁连接前后两根金柱，金柱上立两根短柱，短柱上再架一根横梁，横梁正中立短柱承脊梁，在短柱两侧各有一斜撑，经调查周边村落正房中未见这种屋顶结构。这也是彝族土掌房屋顶结构在演变中的特殊遗存。简易抬梁式、人字架双坡屋顶结构的出现说明彝族工匠在形态上全面模仿汉式建筑做法，但结构技术上并没有完全掌握。所以彝式平顶与汉式坡屋顶结构形态的融通发展并不成熟。

尽管在西南建筑学者的研究中，土掌房都会得到关照，但囿于专业的局限性，所呈现的研究成果侧重于"本土陈述"，尤其是在物质环境决定论下难以从本源上透析土掌房悠远的史学线索，呈现出研究结论的浅根性。因此土掌房演变研究首先要从彝族的源头，并顺着族群迁徙线路找寻答案。通过完整书写彝族土掌房演变序列，突破传统静态的"本土陈述"，认为土掌房源于氐羌族群发源地的甘青高原，并随着氐羌族群在藏彝走廊迁徙过程中流变，形成以藏、羌、彝为主的"邛笼系"。其中定居滇中、滇东南、滇南的彝族为适应军事防御需求，其土掌房群落向着高密集演变，平顶形态表现出对山地生计的高度适应性。随着汉族建筑文化的传入，土掌房屋顶在传承氐羌族群"同源"基因的同时，向着彝汉融合方向演进。①

三、作为彝族土掌房范例的城子村

城子村是彝族土掌房的典型代表，为中国民居建筑体系的丰富提供了优秀案例。城子村保留着泸西历史的演变轨迹，积淀了厚重的历史文化，独具特色的民居景观，秀美的自然风光，神秘的民族文化，也是中国传统村落的典型代表，对其研究具有重要的学理意义和案例价值。

2019年1月21日，西南四省市（云、贵、川、渝）三个村落列入第七批"中国历史文化名村"，城子村是其中之一②。泸西县志载，永宁城子村，曾是彝族先民"白勺部"生存繁衍的地方，其土掌房建筑年代久远，追根溯源，已有千年的历史。据泸西本土学者杨永明在《揭秘滇东古王国》一书中说城子村曾是宋"自杞国"的"土窟城"。在明朝成化年间为当时广西土知府昂贵的衙署③，使得城子村形成了府城格局，威震滇南，然而城子村在短暂的繁华之后沉默了五个多世纪。今日我们仍然能从保留完好的土掌房建筑群感悟城子村在千年的历史发展过程中的风起云变，从村老口中回味那荡气回肠的传奇故事，亲吻这片土地，似乎仍能感受昔日彝族先民开疆拓土，保家卫国的英雄气概。

（一）城子村概况

泸西城子村，位于"苗疆走廊"西段的滇东南，明清时期属于广西府管辖，

① 此部分内容已发表，参见李朝阳，王东.源·流·聚·拓：彝族土掌房屋顶形态演变新解[J].装饰，2020（3）：112-115.

② 根据《住房和城乡建设部、国家文物局关于第七批中国历史文化名镇名村的通知》（建科〔2019〕12号）第七批西南四省市列入《中国历史文化名村名录》的分别是贵州省贵阳市花溪区石板镇镇山村、云南省沧源县勐角乡翁丁村、云南省泸西县永宁乡城子村。

③ 根据《天下郡国利病书》记载昂贵被革职后，"住州冶东，食其地，事在有司"。根据对泸西城子村调研及一些地方学者普遍认为"冶东"就是城子村，村中的灵威寺就是昂贵土司遗址。也有学者认为"距今弥勒市东南30千米的新哨镇布龙新村东土官山上，有昂氏土司遗址。该遗址应为昂贵及家族的居住之所。"（中国人民政治协商会议泸西县委员会.泸西通史（先秦时期—2014年）[M].昆明：云南人民出版社，2018：81.）

从广西府到弥勒州修有驿道，沿途设置众多驿站，城子村是其中一个驿站，因此城子村在当地俗称"城子哨"（图1-3-1）。城子村历史悠久、景观优美、土掌房造型独特、文化底蕴深厚，具有重要的遗产价值，因此城子村自2007年获评"云南省历史文化名村"起至2019年被评为"中国历史文化名村"之间，短短12年获誉无数，成为苗疆走廊上的一颗耀眼明珠（表1-3-1）。

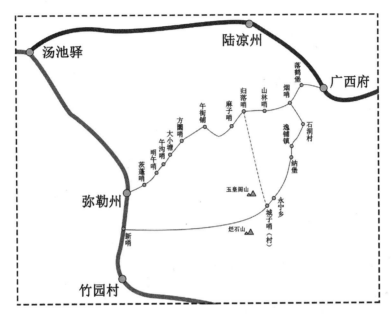

图1-3-1　明清古驿道上的城子村

（图片来源：程玮绘）

滇南城子村历年获称号一览表　　　　　　　　　　　　　表1-3-1

时间			
2007年	云南省历史文化名村		
2010年	云南省旅游特色村	云南省文联文学艺术创作基地	亚洲民俗摄影之乡
2011年	红河州农业旅游示范点	云南省文化惠民示范村	云南省美术摄影创作基地
	第三届中国景观村落	云南省少数民族特色村寨保护与发展试点建设项目	
2012年	云南最美街道	首批中国传统村落	
2013年	云南三十最佳魅力村寨		
2014年	首批中国少数民族特色村寨		
2019年	第七批中国历史文化名村	云南新锐旅游目的地	
2020年	中国美丽休闲乡村		

"城子村位于泸西县城南部永宁乡境内大永宁行政村，海拔870～2334米，经纬度为东经101°12′～103°14′，北纬24°15′～24°20′。地处两州（红河州、文山州）三县（泸西县、弥勒县、丘北县）交界处，距离县城25公里，距州府蒙自近200公里，距省城昆明197公里，泸中（泸西县城至开远中和营）公路穿境而过，是泸西县连通州内各县（市）及文山州的南大门。境内立体气候明显、夏长霜期短、风小日照长，年平均日照数达2010小时，农作物生长期为285天，属典型的南亚热带气候，中大河自北向南贯穿村境中部。"[1] 城子村坐西南朝东北，坐落在200多米高的飞凤山坡，飞凤坡左侧为城子大山，东临龙盘山，西接玉屏、笔架山，北对自刎山、木荣山，后枕金鼎山。在左右前方各有略矮的两座小山，分别是太阳上和月亮山，两山间的狭长平地是水稻田。全村一千多间土掌房依山顺势，层层叠叠，顺势而上，直挂云帆。村落四周，群山环绕，峰峦叠嶂，郁郁葱葱。中大河（南盘江支流的小江河上游）自东北向西南穿村而过，为村子提供了充足的灌溉、饮用、洗涤等生产生活用水。在飞凤山脚护城河紧紧绕村而过（图1-3-2）。森林植被以南亚热带常绿阔叶树种及针叶林（松树、沙松）为主，常绿灌木也较多。

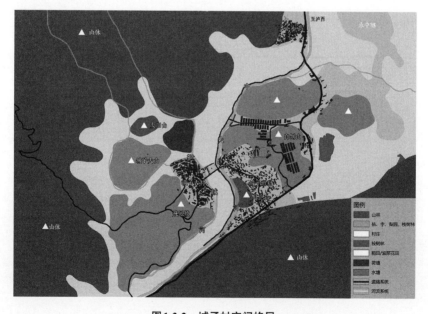

图1-3-2 城子村空间格局

（图片来源：《城子古村保护开发规划设计》，平伟提供）

---

[1] 以上资料于2011年笔者调研时由城子古村管理委员会提供。

城子村由古村部分及外围的"新村"两大部分组成,"新村"是由于人口增多,古村建设用地不足,许多人便陆续到村外建房,形成新的聚落。古村主要由三部分组成,分别是大营(小龙树)、中营、小营。据说小龙树的民居是目前保留下来最早建盖的土掌房,传说由当时二十四家人共同建盖,后来随着人口的增加,村寨依次向中营、小营及向山脚发展,使得整个飞凤山坡的正面都建满了土掌房,形成了目前已知西南最大规模的土掌房群落。

城子村坐落的飞凤山呈西高东低之势,土掌房依山而建,整个村子背山面水,山前一坝稻田,绿波翻滚,村前的芙蓉山脚下护城河蜿蜒流过村头,四周群山环绕,蓝天白云、青山绿水间古老质朴的土掌房在阳光下阵阵夺目,饶有韵味。整个村子几百户人家,一千多间土掌房上下相接,左右相连,层层叠叠,鳞次栉比,富有层次感,好似一架登天的天梯。许多家的土掌房屋顶连接在一起,形成不同等高线的大平台,所有的民居互相连接,使得整个村落形成一个有机的整体,你中有我,我中有你,不可分割(图1-3-3)。在屋顶下,随地势变化,自然的分布着各式小道,彼此交错,宛若幽径。村中的土掌房也顺应地形地势,呈自然式平行等高线分布。在飞凤山顶的云灵寺,即昂贵土司遗址,为制高点,统领着整个村子的所有建筑。总之,古村格局的形成,虽是人为,甚于人为,更似天成,一千多间土掌房首尾相连,生动活泼,与飞凤山巧妙融合,似乎是大地所生,整个村落被群山包围,被蓝天笼罩,被碧水缠绕,真正实现人与自然共生共荣。

图1-3-3 城子村层层叠叠的土掌房

(图片来源:作者翻拍于城子村壁画)

城子村的土掌房不仅仅是彝族的生活空间,而且它还是一部精彩的"史书"。随着彝族社会文化的发展及外来文化在这里交流融合,影响土掌房的自然力逐渐下降,相反,其社会文化因素的影响比重逐渐加大。土掌房逐渐成了承载历史文化、民族习俗,见证历史变迁的载体。在这里你能看到汉、彝民族和睦相处,多元文化融合，并形成阿庐文化的一个缩影。在这里你能感受到白勺部开疆拓土，营建土窟城；能联想昂贵土司兴土木，修城池的兴衰沉浮；可追忆清代"锐勇巴图鲁"勇士李德奎血战疆场；可回顾"三神"将军张冲血战台儿庄，为民鞠躬尽瘁，死而后已；可聆听泸西近代革命烽火在这里激烈燃烧的余音……

（二）城子村民居的演变

彝族先民定居城子村后，在继承西北氐羌族群建筑基因的同时，适时、适地地进行不同程度的演化。城子村土掌房保存了不同时期建造的特点及时代印记，堪称彝族民居建筑史的活教材。

从布局来看，城子村的民居可分为曲尺形、三合院、四合院、一字型、两重院。从屋顶来看可分为双坡瓦房和平顶土掌房。瓦房又可分为局部瓦顶和全部瓦房。土掌房分为瓦檐土掌房、纯土掌房、局部土掌房。据说，以前还有草顶土掌房。在这里你可以清晰地看到传统民居完整的发展序列，从飞凤山左上方的小龙树二十四家人为起点，整个村落的建筑分别向右侧和山下生长，到今天我们能看到整个飞凤山上都建满了民居，以致后来不能满足新生人口的需求，村民只能将宅基地选择在古村对面的山坡上。所以从城子村的民居形态清晰地呈现出它的演变轨迹，但这种演变不是新旧建筑的代替，而是同时并存（图1-3-4）。古村现存历史最久，保存最好的房屋为飞凤山左上方的小龙树山顶的二十四家人，此房建于何时无历史记载，但根据土掌房的技术、式样和材料分析，这应该是古村早期的彝族土掌房，应该有上百年的历史了。据村里的一位老人说是清雍正八年（1730年）所建，至今已有290余年。但根据相关历史记载应该更早，"将军第"的主人李德奎在清中后期就被授予"锐勇巴图鲁"衔，而此房在空间布局上明显是受到北方四合院的影响，建筑装饰繁复，具有清式建筑的特点，明显是受内地汉族的影响。相比较，小龙树土掌房几乎没有装饰，应该属于早期彝族土掌房（图1-3-5、图1-3-6）。由此可以推断，小龙树土掌房在明代及其以前建立的可能性更大，只是在这个过程中不断地维修、重建而得以保存下来。

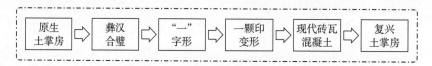

图1-3-4 城子村民居建筑演变图示

（图片来源：作者自绘）

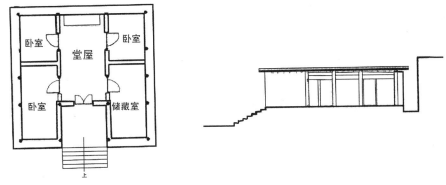

图1-3-5　小龙树某宅平面图、剖面图
（图片来源：作者自绘）

图1-3-6　小龙树二十四家人局部
（图片来源：莫泰云绘）

　　史料记载昂贵土司从广西土府搬迁至城子村，带来了汉文化，也带来了汉族的建筑技术。从昂土司遗址——前厅，仍然能看到浓厚的汉族建筑文化痕迹，但小龙树民居的汉式建筑文化的痕迹很淡。由此可以初步推断，小龙树的民居很有可能是昂贵土司来这里之前就已经存在的。民国《泸西县志》载："明成化十四年（1478年），土赵磨赵通遣子进京上告朝廷，旋昂贵（土知府）被废……"《天下郡国利病书》载："土官昂氏，初有普德者率众向化，授知州，寻升知府，成化中以不法事，革知府，以冠带署弥勒州，往州治东（今城子），食其地……"

昂贵于1478年被废后就迁往"治东"，到目前（2021年）为止已有543年。有人考证城子村最老的房屋有580余年是有一定根据的。据说这些老房子当时为24户人家共同建造，房屋顺等高线于同一水平线上，无院落小窗子，房屋的围护结构均为泥土夯筑，比较敦厚朴实。村里人称为大营民居团组，民居的规模、布局、形态都很接近，与中营、小营相比差异显著，可以推知那可能是一个带有共产思想的"平权社会"。

城子村保存至今的大多数土掌房历史达300年以上，应该是清朝早中期就建了的，主要位于飞凤山的中部偏东偏北方向。这些土掌房与其他地方最大的不同是珠联璧合的彝汉风格，外观仍是彝族土掌房的土墙平顶。层构和内里却是汉式做法，从房屋的组合来看出现四合院的雏形。将军第就是典型的三间两耳大八尺一天井格局（图1-3-7）。其门楣高大，飞檐翘角，结构缜密，有彝族土掌房粗犷朴实的特点，又有汉族细腻剔透的雕镂风格。其他民居由于地形、财力等因素的限制出现了各种四合院形式的变体。住屋已有石基和柱脚，并且已有精美的雕刻。窗棂格扇的装饰艺术已达到较高境界。将军第已出现代表封建等级制度的装饰性斗栱。局部土掌房特点是出现局部双坡瓦顶。坡屋顶泄水流畅不易漏雨，由于坚固耐久，不必经常更换木料……但厢房仍保留土掌房，做晒场以满足生产之需。正房是硬山或悬山式，正房的耳房一二层是平地土掌房，个别厢房有部分

图1-3-7　将军第：天井

（图片来源：作者自摄）

瓦顶。常在正房面阔三间的范围内，正对次间前建厢房，院子较小，常利用地形高差修建，院内还有较多的垂带踏步。还有就是厦子的瓦顶下，左右两边各有一面泥土墙，既起到防火作用，又起到分割内外的作用。

"一字式"是云南彝族和汉族比较普遍的民居形式，主要是分布于滇池及其附近，滇东、滇东南地区。泸西县距离滇池160余公里，属于滇池的辐射范围。县内坝区大部分都是一字式的居住形式。在飞凤山靠近山脚及靠右边已经出现了上栋下宇的"一"字型的萌芽。"一"字型的民居正房屋顶形态有平顶的、坡顶的，以及无腰檐和有腰檐的双坡屋顶（图1-3-8、图1-3-9、图1-3-10）。"一"字型民居以穿斗式结构为主，一般是三柱落地，除了地形限制外，大多外加前檐柱，使由重檐瓦房与土掌房发展形成的近似"一颗印"民居，它们具备通风、透气、保暖、纳凉、防潮、抗震等功能，具有很高的人居价值。

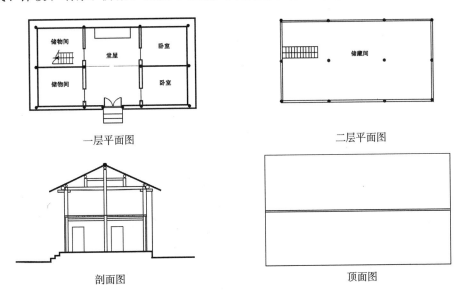

图1-3-8 "一"字型双坡屋顶：李宅

（图片来源：作者自绘）

城子村的"一颗印"除了屋顶是平顶及院内无照壁外，其他与云南的"一颗印"近似。平面布局近似方正，从"一颗印"的定义（方方正正如一颗印）来看，是可以归入"一颗印"的民居范畴中的。但由于地形限制，正房与厢房、庭院是有高差的。由于屋顶是土屋顶，少了些秀气，多了些浑厚。城子村的"一颗印"由正房及厢房组成。正房三间两层，前有单层廊（厦子）构成重檐屋顶。两边为厢房两层，吊厦式，称"三间两耳"（图1-3-11、图1-3-12）。由于地势使然，主

图1-3-9　"一"字型的平顶土掌房

（图片来源：莫泰云绘）

图1-3-10　"一"字型的坡顶土掌房

（图片来源：莫泰云绘）

房屋顶较高，双坡悬山式，厢房屋顶仍为平顶，但为了与正房的重檐屋顶保持一致，在厢房的楼层与屋顶边沿处分别做了一个简易披檐，上檐由梁枋伸出约80厘米承重，其上架一根短柱，构成一个精致小巧的斜坡，其上铺铜板瓦。下檐与正房的腰厦原理一致，只是比例缩小而已。外墙封闭，仅在二层偶有小窗，围墙颇高，达到厢房上层檐口。围墙正中设立大门，无侧门或后门，构成"一颗印"

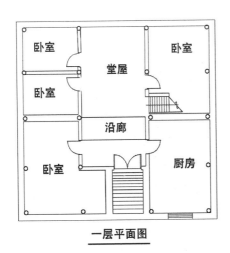
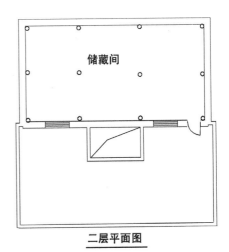

一层平面图　　　　　　　　　　二层平面图

图1-3-11　李宅：平面近似"一颗印"

（图片来源：作者自绘）

图1-3-12　李宅立面图

（图片来源：莫泰云绘）

的独特外观。在灵威寺最下方已经出现了在外形和平面都非常接近"一颗印"的民居，该民居平面属于三合院，屋面完全演化为坡屋顶，其形制完全摆脱土掌房的影子，与周边汉族村落完全趋同（图1-3-13）。

2003年后大多数村民新建农房时都不再采用这种工艺。在飞凤山的山脚及周边及村外的月牙山已有不少的现代化的砖瓦房，甚至混凝土建筑，房屋的布局及结构与"一"字型一致。只是用现代的新材料、新技术，室内装修及其家用陈设已向城镇趋同。

图1-3-13 摆脱土掌房形制的三合院民居

（图片来源：莫泰云绘）

现代建筑元素不仅仅体现在新建的民居中，在古村的民宅中，也零星的点缀着现代建筑元素。原来是用土夯筑的屋顶，现在出于晾晒农作物的方便与卫生便在最上面加了一层水泥抹面，土锅边出现了用砖砌筑，有的直接是用混凝土与毛石砌筑，排水管也多用PVC等塑料管。对于破损的墙体不再用泥土修补，而是用砖、石。这些新元素非但没有带来新的惊奇，反而破坏了村落风貌的统一与和谐，显得格格不入。当然了这是2010年调研时看到的景象，现在传统村落保护备受强调，2019年春节笔者再去重访时，与古村风貌不统一的元素都得到了全面整治。

随着人口增加及人民日益富裕，许多人觉得土掌房丑陋、不卫生、落后，都纷纷到村外建新房，这些新房主要是钢筋混凝土结构的两层楼房，有平顶和坡屋顶两种，较富裕的人家则是直接模仿独栋洋楼的造型。这类房子主要在古村外，未对古村造成负面影响。建新民居是时代潮流，不可逆转。但是传统土掌房如布局巧妙、节能环保、冬暖夏凉等合理之处值得继承，在设计营造中将传统智慧与现代建筑的优势结合起来，创造出既现代又不失传统的彝家新式土掌房。

新的建筑元素传入城子村，对传土掌房风貌造成了极大的破坏。为了适应保护彝族传统民居及发展文化产业的要求，政府积极引导，专家出谋划策，村民积极参与，通过合理可行的建构模式延续或保持村落原有的景观面貌。专家经过调研，对传统民居的符号进行提炼，研究传统的生态材料、技术、施工工艺等并结合现代建筑科技创造出新的但又不失传统的民居。近年来，城子村的民居逐渐回归传统。为了适应发展的需要，在城子村左前方专门规划了一块新村建设用地，

2019年春节笔者重访这些"新型彝居"已经建成，并且村民已经入住（图1-3-14）。现在，村里人已经充分意识到土掌房的价值，建新房屋时都有意识地延续传统土掌房形态，但使用新材料、新结构。"新的不断涌现，旧的却从未消失"，这样的建筑模式既克服了传统土掌房的劣势，又很好地保留了其文化符号。

图1-3-14 城子新村彝家新居

（图片来源：作者自摄）

（三）城子村的多元价值

1. 城子村的历史价值

城子村所属区域的建制最早可追溯到西汉，元鼎六年（公元前111年）建漏江县，隶属牂牁郡，历史久远，在这约两千年的历史进程中，泸西发生的许多大事都与城子村有关，见表1-3-2。

泸西县城子村的历史变迁一览表 表1-3-2

朝代	时间	建制及历史事件
西汉	元鼎六年（公元前111年）	建漏江县，隶属牂牁郡
三国	建兴三年（公元225年）	漏江地域改属建宁郡所辖
唐	武德元年（公元618年）	改设陇堤县隶属郎州，本境系乌蛮七部之一的卢鹿部在五代时期为白勺部
宋	开元十八年（公元730年）	南诏政权建立，本境系东爨乌蛮三十七部中的弥鹿部（阿庐部）（其间自杞国建立，建土窟城）

续表

朝代	时间	建制及历史事件
宋	宋宝五年（1257年）	蒙古兵平云南，阿庐部归属蒙古政权，隶落蒙万府（自杞国灭亡）
元	至元十二年（1275年）	置广西路，辖弥勒、师宗两个千户，隶云南行中书省
明	洪武十四年（1381年）	《广西府志》卷之三：建置（附官置）第九页记载"……明洪武十四年，颍川侯傅友德、平西侯沐英克云南改路为府，以土官普得领之。传至昂贵，肆戾不法。"
	洪武十五年（1382年）	广西路改为广西府，以土官普德置府事。普得，又作普德，彝族姓昂氏，广西府第一代土知府
	洪武二十一年（1388年）	者满作乱，普德被杀死，职位由子昂觉继袭。时至广西府第五代土官知府昂贵于明成化九年（1473年）袭职。以不法事，于成化十七年（1481年）革职，安置弥勒州为土照磨
	成化十一年（1475年）	土官照磨赵通奏闻，下其议巡抚御史林符核实，逮贵下狱，革职。改土归流，领师宗、弥勒、维摩、三州十八寨所
	成化十七年（1481年）	第五代土官知府昂贵于明成化九年（1473年）袭职。以不法事，革职，安置弥勒州为土照磨
清	咸丰、同治年间	将军名叫李德魁，字鼎斋。清朝咸丰、同治年间人，据民国《泸西县志》载：李德魁，县南区沙儿寨人。有机变，能以少敌众，从张保和出师以功保参将，光绪年ං副将……。因其军功显赫，获"锐勇巴图鲁"封号，所居宅院称"将军第"
民国	不详	已故全国政协副主席、著名彝族爱国将领张冲将军幼时曾在村小学就读
	1949年1月初	中国人民解放军滇桂黔边区纵队前委在此成立盘北指挥部，指挥泸西、陆良、师宗、弥勒、路南等县的武装斗争
	1949年2月6日	中共泸西县委在永宁城子村正式成立，同时成立泸西县解放委员会，行使县人民政府职权
	1949年2月中旬	盘北指挥部在永宁城子村举办干部培训班，为军队和地方培训骨干90余人
	1949年3月	中共泸西县委、解放委员会进城接管工作

（表格来源：作者自绘）

城子村在当地普遍叫"城子哨"，何为"城子"？何为"哨"？难道这里以前是军事堡垒？笔者带着疑问查看了资料，城子村曾将确实是军事堡垒。据泸西本土学者杨永明通过多年的考古研究及查阅许多文史资料写成了《揭秘滇东古王国》一书，书中认为城子村曾乃宋"自杞国"的"土窟城"。"在唐时的乌蛮七部之一的卢鹿部在五代时析为弥勒、师宗、吉输、白勹等部。"[①]城子的土窟城就是

---

① 杨永明.揭秘滇东古王国[M].昆明：云南民族出版社，2008：178.

白勺部建盖的。但"土窟城"仅是城子村遥远的记忆，其真实性还有待进一步考证，它真正进入正史舞台还得从明朝昂贵土司修建府城说起。基于深厚的历史积淀，现今地方政府欲将城子村打造为"一村一府一古都"。并根据国家旅游资源分类、调查和评价标准，认为城子村属于五级旅游资源，具备申报世界文化遗产的潜力。

明王朝从洪武十五年（1382年）建立云南行省，在泸西设置广西府，采取"以夷制夷"政策，以当地土司官为知府，从普德至昂贵，历经五任，历时99年（1382～1481年）（表1-3-3）。^①《土官底薄·广西府知府》载："昂觉，广西府弥勒州人，有父普德，无官吏人等保结，宗之图本。二十七年正月，本部官奏闻，西平侯奏，据系正枝叶节，除授本府知府，洪武三十五年，者满作乱，杀死。总兵官委觉署掌府事，赴京告袭，缘该奏太祖皇帝圣旨：'与他世袭，著袭了。钦此。'故。男昂保，在任署事，奏袭。永乐五年九月，奉圣旨：'著他袭了吧。钦此。'故。男圆通，正统六年袭职。故。无嗣。亲侄昂宗，保送间故。该男自蓬袭，亦故。成化九年，会奏，自蓬地昂贵应袭，本年十二月题准，行令就彼冠带袭职。文选司缺册内查的成化十七年五月，知府昂贵故，本年七月，改除流官知府贺勋"。^②因此广西府历代昂氏土司的世袭顺序为：普德→昂觉→昂保→圆通→昂贵，之后便是明王朝派遣的流官"贺勋"，所以昂贵土司时代是泸西土司制度走向终结的节点。

广西府五任土官和第一任流官一览表　　　　　　　　表1-3-3

姓名	职务	籍贯	到职时间	备注
普德	土知府	广西府弥勒州	明洪武十五年（1382年）四月	
昂觉	土知府	广西府弥勒州	明洪武二十七年（1394年）正月	
昂保	土知府	广西府弥勒州	明永乐五年（1407年）九月	
圆通	土知府	广西府弥勒州	明正统六年（1441年）	
昂贵	土知府	广西府弥勒州	明成化九年（1473年）十二月	
贺勋	知府	湖广湘潭县	明成化十七年（1481年）七月	解元

（表格来源：作者自绘）

---

① 根据《泸西县志（民族编）》整理。泸西县志编纂委员会.泸西县志（民族编）[M].昆明：云南人民出版社，1992：693.

② 龚荫.明清云南土司通纂[M].昆明：云南民族出版社，1985：295.

第五任土司昂贵时，明王朝已经进入鼎盛时期，各项政令趋于完善，经济发展，政权稳定，边疆巩固，国家大一统进一步加强，汉文化在西南广大地区得到深入推行，且大批的汉人迁入西南。在这样的时代背景下，土司制度已经成为阻碍社会进步的藩篱，成为威胁国家大一统的因素。最明显的就是中央政令在土司统治地区不能得到很好地推行，朝廷便在土司统治的地区进行"改土归流"的政治改革。据史书记载，此时的广西府土官昂贵是一个穷凶极恶之人，他杀友夺妻，盘剥百姓，草菅人命，他的恶行被上奏朝廷，最终被罢去土知府之职，降为弥勒州土照磨。《广西府志·建制》载："明洪武十四年，颍川侯傅友德、平西侯沐英克云南，改路为府，以土官普德领之，传至昂贵，肆掠不法。成化十一年（1475年）土官照磨赵通奏闻，下其议，巡抚御史林符核实，逮贵下狱，革职。改土归流，领师宗、弥勒、维摩（丘北）三州及十八寨所。"民国《泸西县志》载："明成化十四年（1478年），土赵磨赵通遣子进京上告朝廷，旋昂贵（土知府）被废……"。昂贵被贬为弥勒州土照磨之后，将他的土司府迁到今城子村，建造了"永安城"（图1-3-15）。史书《天下郡国利病书》载："土官昂氏，初有普德者率众向化，授知州，寻升知府，成化中以不法事，革知府，以冠带署弥勒州，往州治东（今城子村），食其地……"。《读史方舆纪要》卷一百一十五《广西府》："土知府旧昂姓，今为土照磨。""昂氏（昂贵）系广西府土知府后裔，于成化十七年土府改流后，安置于弥勒州为土照磨。"但他到了城子后，非但没有安分守己，变本加厉，建立坚固的城池，据险为乱，藐视朝廷，仍"肆掠不法"。《广西府志·

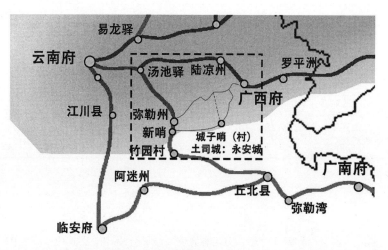

图1-3-15 明朝的永安城（城子村）与广西府的区位关系

（图片来源：程玮绘）

卷二十四·艺文志》载："昂贵把土司衙门从矣邦（今泸西）搬至白勺（今永宁城子村），并把白勺建成险要的城堡。在这里招兵买马，为所欲为，称霸一方。"他的行为触怒了朝廷，也为朝廷废土司制度设流官提供了口实，最终朝廷派兵围剿，兵败自杀。土司的府衙及永安城因战乱大部分被焚毁，土司的家人被驱散，其彝族子民也迁走一部分。

昂贵兵败后，朝廷委任湖南湘潭解元贺勋到广西府任知府，广西府成功实现了"改土归流"，《文选司缺册》载："成化十七年（1481年）五月，知府昂贵故（死），同年七月，改除（任命）流官知府贺勋（改土归流，派流官贺勋任广西府知府）……"广西府的土司时代结束。从此，大批汉民族迁移到今滇东、滇东南一带，城子村自然也就形成了彝汉杂居的民族分布格局。中央政府为了维持地方稳定，专门在此设立哨所，派兵把守，这也就是至今城子村在当地仍叫"城子哨"的缘由。

清代，城子村出现了一位"锐勇巴图鲁"将军，给城子村加上了浓重的一笔。据村里的老人说在很早以前城子村叫白勺部，居住着彝族先民，而白勺部的对面村寨叫沙人寨，李德奎将军就是出生于沙人寨。在泸西"沙人"汉族对壮族的称呼。据此可以判断李德奎应该是壮族。现在城子村最大的土掌房民居"将军第"就是李德奎将军所建。在"将军第"民居的墙上刻有一段话简述李德奎生平：

"将军名叫李德魁，字鼎斋，清朝咸丰、同治年间人。据民国《泸西县志稿》载：'李德魁，县南区沙人寨人，有机变，能以少敌众，从张保和出师以功保参将，光绪中年保副将，任营官……'因其军功显赫，获朝廷'锐勇巴图鲁'封号，所住居宅称'将军第'。"[1]

"将军第"坐落于飞凤山腰，外形屋顶为传统彝族土掌房的特点，显得非常敦厚朴实，但格局及装饰却是受到汉族建筑的影响，总体格局为四合院式民居，装饰极尽奢华，可谓彝汉建筑艺术风格的典型代表，虽历经三百年历史，但仍能显示出李将军的显赫与不平凡。至今村里仍流传着李将军的英勇故事，更加丰富了城子村的人文价值。

在近现代中国革命史上，滇军著名将领、抗日名将张冲小时候求学城子村，城子村也因此丰富了人文内涵，泸西县为纪念他而被称为"虎城"。在2018年前

---

① 以上资料于2011年笔者调研时由城子古村管理委员会提供。

泸西县城曾塑有一只"大黑虎"的雕塑，即是他的象征，现已"放虎归山"，他就是爱国将领张冲。张冲在彝族心目中是被神话了的人物，被誉为"三神将军"（战神、盐神、水神）。在城子村的一户四合院民宅的墙壁上刻有三段关于张冲的简介，内容如下：

第一段关于张冲与城子村的关系："张冲的家乡小不坎一带没有学校，其父母为了不误孩子的成长，只好就近把他送到城子村小学读书，住在同学陈学易家。张冲在这里度过了自己的启蒙时期。"

第二段讲张冲的发迹史："张冲从小性格豪爽，爱打抱不平。十八岁时因受土豪劣绅的诬告，官府要抓他，在万般无奈之下，他毅然上山高举义旗，走上了杀富济贫，除暴安良的道路。后来张冲接受招安，成为滇军将领，1928年任滇军师长。"

第三段讲抗战爆发后张冲的事迹："抗日战争爆发后，张冲率滇军184师参加著名的台儿庄战役，取得了禹王山战斗的胜利。1946年11月在共产党的影响下，奔赴延安，走上了革命道路。中华人民共和国成立后，曾任云南省人民政府副主席、副省长、全国政协副主席等职。"[1] 可惜笔者2017年重访城子村时这座留有张冲儿时足迹的民宅已被火烧毁。

英雄虽已逝去，但他与城子村的特殊关系却是不可磨灭的。人文底蕴十分厚重的城子村，再加上这一圈耀眼的光环，使得城子村成为泸西县一颗耀眼的明珠。至今城子村的老中青都在传述着张冲的英雄事迹，这是他们无上的荣耀。

城子村还是泸西近代革命的根据地。城子村由于地处泸西、弥勒、邱北三县的交界处，藏于深山老林中，加之防御性很强的土掌房群落，易守难攻、坚如磐石。在解放战争时期，这里是中共泸西地下党的根据地，1949年1月，中国人民解放军滇桂黔边区纵队工委前委在此建"盘北指挥部"，由何现龙司令统一领导，指挥泸西、陆良、师宗、弥勒、石林、邱北等县的武装斗争，并指挥各地党政建设。何司令在城子村的"盘北指挥部"运筹帷幄，决胜千里，领导人民武装力量以农村包围城市，武装夺取政权，最终于1949年2月5日，解放了泸西，同时在城子村成立了中共泸西县委和泸西县解放委员会，开启了泸西县的新纪元。[2]

---

① 以上资料于2011年笔者调研时由城子古村管理委员会提供。
② 以上资料于2011年笔者调研时由城子古村管理委员会提供。

城子村还是滇东南革命的摇篮。根据城子古村管理委员会提供的资料可知，在解放泸西后，即1949年2月15日，"盘北指挥部"为了向各地输送革命人才，在城子村举办干部培训班，培养革命中坚力量，在短短的一个月的培训期里，共培养了90余名革命骨干，这些优秀的革命战士身负历史使命，投入到解放劳苦大众的洪流当中。[①] 城子村名不见经传，但是在泸西乃是滇东南一带的近代革命史上有着举足轻重的位置，曾被誉为泸西的"小西柏坡"。对于这样的荣誉城子村受之无愧，它光辉的革命历程使得土掌房熠熠生辉。

由上可知，城子村不断被历史选中，其中重要的特点就是历史所具有的军事价值。城子村土掌房群落是历史变迁、攻伐防御选择的结果。从彝族白勺部起，彝族先民就在这里开垦田地、起房建屋。后明朝土司昂贵建永安城，威震四方。据城子村宣传册介绍，那时，城子村盛极一时，山脚有高耸的城墙，城墙下有护城河，护城河上有吊桥，东城门楼上建有炮位和枪眼，有土司府的兵丁把守，体现了历史上攻防伐御的军事价值。准确地说，这样的建筑正是为了防御外敌入侵而建盖。家家户户左右相连，上下相通，一有战事，相互支持，共同抵御外敌。城子村有三层防御系统：第一层次是土掌房外墙和围墙，加上周边的山峦，形成外围的整体防御。第二层次是村内纵横交错，迷宫式的巷道。无序的街道，宽窄不一，这可以有效地迷惑敌人，大大增加了村落的防御性。第三层次是以家庭为主的组合式居住单元。组合式居住单元的防御性特征是传统文化因素中的心理安防意识在具体环境中的物化体现。时至今日，国泰民安，人民安居乐业，城子村土掌房依然存在，荡去历史的尘埃，军事防御价值已不存在，但它亘古不变的实用价值仍然服务于村民。

2.景观及民居建筑价值

城子村极富自然景观价值，2011年荣获第三届"中国景观村落"称号。该村背山面水，所谓背山是指坐落于南北飞凤山腰，该山形似展翅的飞凤。所谓面水是指村脚护城河怀抱，中大河从村前蜿蜒流过，村两河间有一片山区难得的平地坝子，是村里的主要水田，四季景观多变。"深山藏古寨"中的"藏"最能显示出城子村落的秘境之美。该村群山环绕，峰峦叠嶂，树木郁郁葱葱，蓝天白云，青山绿水，融于自然怀抱之中，人工的痕迹似乎被消解得无影无踪，达到"虽由人做，宛自天开"的境界。

---

① 以上资料于2011年笔者调研时由城子古村管理委员会提供。

人文景观价值又包括土掌房本身的景观价值以及蕴含于土掌房背后的历史文化价值。城子村土掌房被誉为"原始唯美主义的琥珀"，从宏观观之，整个村落的土掌房集中连片，左右相通，上下相连，像层层梯田，像直挂云帆的天梯，又像美丽的小布达拉宫，更像结构缜密的蜂盘……意象多变，意境深远。从装饰细部看，更是精美绝伦，由于受到汉族细腻剔透的装饰风格的影响，大户家的梁枋柱头、窗门壁板、屋檐门楼皆雕梁画栋、精雕细刻，内容题材丰富多彩，有飞禽走兽、牡丹腊梅、龙凤麒麟、大禹治水、二十四孝等丰富的装饰题材。城子村的土掌房不仅建筑装饰富丽，而且有丰富的历史人文底蕴。如上文所略述彝族先民的白勺部、宋"自杞国"的千年土窟城、明朝的昂贵土司府衙与城池、清朝李德奎将军的李家大院、民国时期的张冲故居及近代泸西革命的纪念地等，而且每个时代都有不同的历史人物出现，并演绎出许许多多故事传说，使得城子村充满了传奇色彩。民居建筑价值是城子村的第一价值，且是最直观的价值，其他所有的价值都附着其上。城子村的土掌房民居依山而建，布满飞凤山，在飞凤山上密密麻麻的居住着800多户人家，共1000多间土掌房。这些土掌房层叠错落，前后衔接，左右毗连，形成一个统一的有机体（图1-3-16、图1-3-17）。

图1-3-16　城子村春景
（图片来源：康关福摄，城子古村管理委员会提供）

早年这里是彝族先民白勺部的聚居地，改土归流后，大量汉族迁入，土掌房逐渐向着彝汉合璧的风格演变。通过对城子村的实地描记及文献资料查阅，基本上可以厘清城子村演变序列：白勺部→自杞国的土窟城→昂贵土司修建的永安城→小龙树二十四家人→中营民居组团→小营民居组团→彝家新居。关于前三步已

图1-3-17 城子村秋景

（图片来源：作者自摄）

经成为历史，目前留下的遗迹很少，相关记载散见于零星的史书。昂土司府衙仅剩下前厅部分，且经过了历代的修建翻新。"彝家新居"不属于古村范畴。因此小龙树二十四家人、中营民居组团、小营民居组团三部分构成了今天城子村的格局与面貌。

在中营民居组团的顶部还存有一座残破不堪（现已经翻修完毕），但仍然颇有气势的古宅，在大门的牌匾上刻着"灵威寺"三个大字。从墙上刻的文字可知这便是昂贵土司的遗址。上面写道：

"明朝成化年间，广西土知府昂贵在飞凤山顶建造自己的土司衙门，改白勺（城子旧名）为永安府。"

正是由于昂贵土司的到来，许多人迁居于此，使得城子村的建筑发生了很大变化。不仅衙门富丽堂皇，而且形成了府城格局。在昂土司遗址的墙壁上也有记载：

"土司府占地广阔，位居至高，威慑全村。整个建筑巍峨雄峙，红楼碧瓦，富丽堂皇。昂土司建府后，人口剧增，民居建筑得到空前发展，形成府城的格局。府城四周依山建筑城墙，北临护城河，城鼓楼建于河上，东、西、南、各有城门，楼堡高耸，巍峨庄严，成为广西府有名的府城。"

昂贵兵败自杀，流官替代土官，为了便于统治，中央政府也在滇东南一带修建驿道，使之与湘滇黔驿道连成一个整体，纳入苗疆走廊体系。在政府"移民就宽乡"的政令下，滇东南通过军屯、民屯、商屯的形式吸引了一些汉族迁入，形成彝汉杂居的格局。政府为了稳定社会，防止"蛮夷"作乱，派兵在驿道沿线驻扎，实行军屯，设立哨卡。城子村就是其中一个哨所。经过历代的整修，形成了"一宫（昂土司遗址）、二台（炮台）、三营、四桥、六门、八碉的城子哨"。

城子村的建筑大多是明清时期留下来的，以清朝为主，这个时期的建筑最大特征就是彝汉文化的进一步融合，甚至达到了完美的地步。飞凤山的土掌房民居绝大多数是合院式，大户人家的土掌房内部装饰精美。其中最值得一提的是"将军第"，典型的彝汉文化交融的产物。在村子里，"将军第"是现存最大规模的土掌房，屋主李德奎在清朝咸丰年间被朝廷授予"锐勇巴图鲁"称号，李将军自是有权势者，他的住宅自然不同凡响。虽外观为彝族传统土掌房的造型，但布局为多进四合院，内里细部装饰精美，雕梁画栋，工艺考究，极尽奢华，内外形成鲜明的对比。

根据城子古村管理委员会提供的前期研究资料，认为"古村大多数的民居建筑，都是汉式建造技术与彝族传统土掌房技术相结合的产物。在外墙及屋顶的建造技术上，采用的是彝族土掌房的传统技术，但在建筑平面布局及内院隔墙、开窗及防雨披檐和门头等的营造上，都是汉式建筑的典型作法。聪明的城子先民在建造自己的住所过程中，不断地吸收外来文化和技术，将它们取精去粗，融会贯通，又将它们运用到住房的建造技术中，进一步完善民居的使用功能与建造技术，使住所的安全性、舒适性及采光、通风等住房条件得到了不断完善。"在民居庭院中还常常辟出花园或花台，种花植木，形成一个与自然融合无间的聚居空间。土掌房民居大都是穿斗式结构，一般老百姓多数住两层的土掌房，稍微富一点的在楼层之间用的是木板，再富一点的则采用合院形式，有正房、厢房、倒座，并在重要位置，如梁头、柱础、门窗处，会做一些简单的雕饰。

城子村的民居建筑群由三部分组成，根据其建筑历程及不同的分布，分别是大营民居组团（小龙树二十四家人所处位置）、中营民居组团、小营民居组团。小龙树二十四家人的民居是古村现存历史最长的，为二十四家人共同建盖，房屋顺等高线处于同一水平线上，布局简单，多为"一"字型，装饰粗糙，无院落窗子，房屋的围护架构均为泥土夯筑，且内里空间阴暗潮湿，通透性很差，比较接近彝族早期的土掌房。

在"飞凤"的躯干部，是中营民居组团。随着人口的增加，以及汉文化的影响，土掌房逐渐从山顶向山脚，从南向北拓展，并逐渐向着彝汉融合的建筑形态演进。"一颗印"变形的出现，曲尺型（图1-3-18）、开敞三合院（图1-3-19）、封闭三合院（图1-3-20）、四合院民居普遍增多，石材大量运用于地基，并且出现了各式石雕，窗子绩装饰的数量增多。但在外形上依然是泥土夯筑的土墙、土顶。

图1-3-18　曲尺型土掌房

（图片来源：莫泰云绘）

图1-3-19　开敞的三合院土掌房

（图片来源：莫泰云绘）

在飞凤山的"左翼"为小营民居组团，此时的民居发育比较成熟，已经能熟练地运用汉族的建筑技术，但是外形仍尽量保持传统彝族的平顶式和土墙。这时屋顶造型及装饰变得丰富多了。双坡屋顶开始出现，并且与土掌房组合形成局

图1-3-20 封闭的三合院土掌房

（图片来源：莫泰云绘）

部瓦檐土掌房（图1-3-21），为"L"曲尺型（图1-3-22）、三合院、四合院式布局。在装饰上，开始出现汉式门楼，门檐下雕梁画栋并且出现做工精细的斗栱、梁枋、柱头，窗门墙板皆精雕细镂，豪华气派，彝汉建筑文化实现了巧妙地融合，成为珠联璧合的彝汉建筑艺术精品。

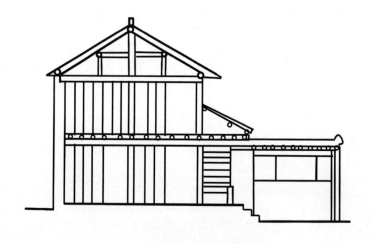

图1-3-21 双坡瓦檐土掌房剖面图

（图片来源：作者自绘）

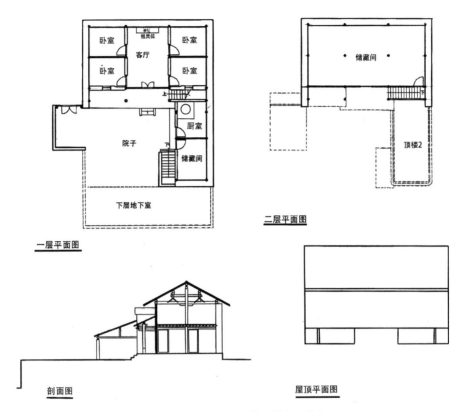

图1-3-22　曲尺形的瓦檐土掌房：苗宅

（图片来源：韦猛根据《云南彝族传统民居生成系统研究》改绘）

第二章

土掌房的地域适应性

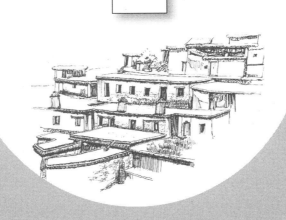

自然环境及生计方式与各民族民居密切相关，各民族所生活的自然环境和它的生计方式对其民居的结构构造、建筑造型、平面布局、材料等方面均有较大影响。这便是地域主义的要求，一个民族的地域性在很大程度上决定着其民居的发展方向。当然，民族的社会、人文等因素也发挥着重要作用，但对地域性极浓的土掌房而言，自然因素及生计方式的影响力较为显著。

城子村坐落于飞凤山腰，土掌房顺山修建，房屋朝向均背山避风，形成"上面宜牧，中间宜居，下面宜农"的格局。村寨内的房屋顺山而建，左右相连，山下相通，人们借助楼梯、搭板及建过街楼便可在屋顶走遍全村。土掌房村寨呈密集式布局是它区别于其他村寨的一个特点。这主要是有两点原因：一是自然适应，包括气候、地形地貌、材料三方面的适应；二是对农耕生产方式的适应。任何文化都是与特定的生计方式紧密联系。城子村的土掌房文化与它的农耕生产方式相依相生。

一、土掌房的气候适应性

城子村所在的永宁乡，海拔874～2334米，立体气候明显，风小日照长，夏长霜期短，年平均日照数达2010小时，坐西南朝东北，主要受西南季风的影响，东南季风影响较小，形成独特的山地气候。年温度变化不大，四季如春，但日温差大，5～9月份主要受西南季风影响，降水集中，冬季受大陆气团控制，刮西北风，但风很小。城子村的彝族先民在继承氏羌族群基因的基础上，对当地的气候特点作出积极的调适，融创出土掌房的地域特征。

土掌房是平顶密楞式木结构，进一步细分属于穿斗式结构，其围护墙体主要为夯土墙、土坯墙、土基墙及少量的木骨泥墙。若无檐廊（厦子）是三柱落地，如果有檐廊则是四柱落地，且普遍是墙包柱。为了分担墙体的承载力，常在墙上放置木卧梁，圆木担在木卧梁上，木柱下普遍都有石柱础，所以建筑材料主要是石、木、土。此外，笔者调查发现，对于一些历史悠久，破损较严重的土掌房，村民在外墙用一些木柱支撑屋顶的檩木，以减轻墙体的承载力，由于完全暴露在外，过几年就要置换新木。

城子村土掌房是先将房屋结构立起来，再筑夯土墙或砌土坯砖。用夯土或土坯砖先砌起四面墙，在外墙涂抹一层草拌泥，显得比较粗糙，而内墙则会用更加细腻的黄沙、石灰粉刷，家庭经济条件一般的仍涂抹草拌泥。现在比较讲究的在土坯墙上先用泥浆打底，再加粗沙，并对其找平，用石灰水刷白，现在更讲究，用上了各种涂料或瓷砖。（图2-1-1）然后在其上铺圆木（椽子）封顶。

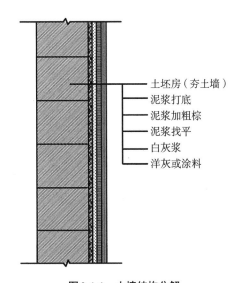

土坯房（夯土墙）
泥浆打底
泥浆加粗棕
泥浆找平
白灰浆
洋灰或涂料

图2-1-1 土墙结构分解
（图片来源：作者于城子村展览馆翻拍并改绘）

上文说围护墙体分四种，每种墙体由于性能的不一样，其厚度也是不一样的，夯土墙厚约70厘米；土坯墙与土基墙接近，横向两个土坯，纵向一个土坯，错缝递次垒叠。俗称"丁拐墙"，即"21墙"，即每个土坯砖长约30厘米，宽与高约20厘米。内部墙缝之间要用大量黏性强的泥沙填塞。厚度接近10厘米。所以墙厚约60厘米；木骨泥墙就很薄了，不承重，只起围隔作用，保温隔热效率差，厚约5～10厘米。当地人说夯土墙只要不遭受雨水侵蚀、地震等自然灾害几百年不会倒塌，而土坯墙使用寿命就稍短了，主要是墙体较薄的原因，而木骨泥墙则更短。具体的使用寿命村民们也说不上来，但他们的一句话让我记忆深刻："只要有人住，只有拆了的房屋，没有自然倒塌的房屋"，由此可以想象使用寿命之长。

在围护的墙体中，除了土墙外，石墙所占的比重也较大。由于是山地地形，建房前必须把坡地"裁剪"成一台台的平地，就如梯田一般，根据地形高差，土墙与石墙的比例各一，但土墙占大比例。石墙的作用首先是加强地基的稳定性，其次是防止坡地滑坡，牢固山体，最后一作用是防止地下水侵蚀土墙。所以对室内空间的保温隔热基本不发生作用。

在房屋的框架和墙体建好后就是建屋顶，有的直接在墙上横担圆木，直径约20厘米，圆木的间距约40厘米，有的为了分散墙体重量，会在墙体上放置木梁，然后再担圆木，再在上面密铺柴块、木条、竹子、葵花杆等，再铺干松针或稻草或蕨草，接着再铺一层厚约10厘米的稀泥，等稀泥干透板结后，再铺用黏土，当地称此土为"胶泥土"。"胶泥土"吸水性很差，溶解度很低。铺设过程中边洒水边用木槌敲打，厚约20厘米。泸西一带在冬春季节，风较大，空气干燥，为防止屋顶夯土开裂，需要按方格网对屋顶进行切割，原理与"伸缩缝"一致，接下来就是用干黄灰填缝。有条件的家庭还会在上面刷一道石灰，起钙化作用，甚至有的刷"洋灰"（即水泥）。土掌房的建盖对天气要求很高，非常忌讳雨天或阴天，所以建房一般选在冬末春初，这个时间段降水较少空气干燥，且是农闲季节，所建土掌房一气呵成，非常牢固，不易渗透或是坍塌，要是遇到雨天，必须重建，重建的次数越多，质量越差。2018年重访城子村时，有外地人到此租地新建土掌房，亲戚带我去看。亲戚说到："这个房子的土箍（土屋顶）是在夏天弄的，是会漏水的。"然后又指着另一栋新居说到："这个是用水泥抹面，但为了保持风貌完整，又在上面铺了层土，一旦下雨，雨水难以排除，就成现在这样的烂泥样。"（图2-1-2）土掌房惧怕的就是遇到暴雨或连续雨天，这可能会导致局部漏雨，但只需取点黏土在破损的地方抹上即可。每年屋顶的土都会流失，村民都要在冬季周期性的添土。传统智慧的诞生是对地域文化长期实践的经验总结，我们今天新建土掌房，需对传统营建智慧持有敬畏之心。

当问及村老为什么愿意建造土掌房，回答跟我预设的完全不一样。村老说

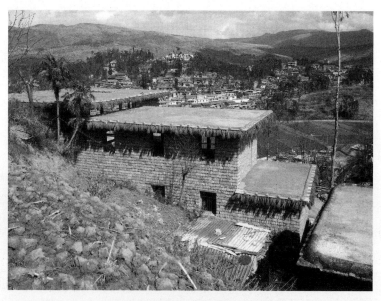

图2-1-2 屋顶积水的新建土掌房

（图片来源：作者自摄）

"以前太穷，这样的房子造价低，材料本地产，帮工的也不要钱，提供饭就可以了"。这跟很多书中介绍的生态、宜居、牢固几乎不搭边。当问及土掌房有什么优点外，村老说"跟现代新建的房子是差很远的，但冬暖夏凉，我们住习惯了，还是老房子舒服，年轻人是不喜欢的。"可见"冬暖夏凉"的性能确实得到老年居住者的认可。

为了科学有效的分析土掌房的"冬暖夏凉"，我们从围护结构的热工性能进行分析。根据总传热阻 $R_0 = R_外 + \Sigma R_i + R$ 公式，R_i 为构件热阻，$(m^2 \cdot K)/W$；蓄热系数 S，$W/(m^2 \cdot K)$；热惰性指标 $D=RS$，总热惰性指标 $\Sigma D = R_1S_1 + R_2S_2 + R_3S_3 +，\cdots，+ R_NS_N$；室外温度谐波传至平壁内表面的衰减倍数 V_0；延迟时间 ξ_0，h；导热系数 λ_i，$W/(m \cdot K)$。[1] 土掌房的外墙体如果是夯土墙厚约 80～100 厘米，平均 90 厘米，土坯或土基平均厚约 60 厘米，这是城子村最多的两类墙体。

（1）总传热阻 R_0 表明不同墙体抵抗热能的能力，R_0 越大，表明抵抗热性能的能力越大，保温隔热性能自然也就越好。厚 60 厘米的夯土墙隔热性能最好，土坯或土基其次，砖最差，说明墙体厚度与保温隔热成正比。

（2）总热惰性指标 Σ_D，指室内外温差较大时，墙体表面对温度的反应程度，总热惰性越强，墙体抵抗温度的变化能力就越强，夯土墙具有很强的抵抗室外温度变化的能力。

（3）室外温度传播墙体过程中温度的衰减系数 V_0，在温度比较低的冬天，早晚温差很大，但室内的温度变化幅度不大。相对于外墙体，内墙体温度变化不大，这一点居住于此的村民感受颇深，即使到炎热的夏季，外面温度很高，但室内仍然凉透清爽，从科学的角度分析，V_0 等于外墙体表面温度的振幅与内墙体表面温度的振幅之比，比值越小，说明室外的变化对室内构不成多大的影响。

（4）延迟时间 ξ_0，指室外墙体的最高温度与内墙体的最高温度之间的差值，由图可知，夯土墙的 ξ_0 值最高，表明热稳定最好，土坯墙次之。

总之，在城子村日温差较大，在冬季，土坯墙或夯土墙的较大热阻，加上门窗小，室内的温度变化不大，向室外流失的热量较少，较强的蓄热能力和延迟时间使热量流失速度大为降低，较强的热惰性使墙体的内外波幅减小。相反在炎热的夏季，在室外炙热的温度也不会导致室内温度大幅上升，由于较强的热阻、蓄热能力、热惰性及延迟时间的作用，室内温度变化也不大，当你从室外走进室

① 张涛等.传统民居土掌房的气候适应性研究[J].建筑科学，2012（4）.

内，你会感到凉上心头，酷热全消，土掌房如一个自然空调，调节着室内微气候。土房优良的热工性能在各地都得到认可是在经济条件受限的时代背景下，对自然环境的适应性选择。

建筑是人类为适应特定环境而建立的适合自己生活与生存的人居空间，其本质人为且为人的，是在大的气候背景下建立的适合人居的人工小气候。由于特定自然条件的限制，必然导致不一样的建筑用材，不一样的平面布局，不一样的结构设计，这也是适应自然的优化方案，能最大限度减少不利环境所导致的损害，从而为人类创造一个舒适的人居环境。

上文已经对城子村的气候作了说明，夏季以西南季风为主，冬季受大陆气团的影响，四季分明，降水较丰富，典型的南亚热带气候，城子村是一个比较偏僻的彝族村寨，早期自然力对其影响较大，随着时代的进步，现在自然的影响力在新村中逐渐减弱，但在老村仍然可以很清晰地看到自然留下的印记。

城子村历经千年，居住着汉、彝民族。我们大家都知道，每个民族都有自己的建筑形式，而且汉族建筑水平普遍高于彝族土掌房，那为什么却选择了营建水平略低的彝族土掌房。这是一个很有趣的问题，这说明彝汉民族选择相似的住屋形式，是受到相似自然环境的影响。城子村民选择土掌房既是文化认同的共同选择，也是特定环境下的最优选择。接下来，从光照、降水、风向和气温四个方面分别探讨气候要素对城子村土掌房的影响。

在北半球，绝大多数住宅都是坐北朝南，这有自然的原因，如躲避西北风，扩大采光范围，也有文化上的原因，如朝南尊贵及风水上的一些讲究等。而城子村的朝向与之大相径庭，是坐西南朝东北。城子村也是位于北半球，为什么会有如此大的差距？若是按照一般的朝向来看，这样的坐向的确不是一个最佳选择。实际上跟这里的气候有关。云南省普遍盛行西南季风，城子村也不例外。村寨背靠西南方向是为避开西南的季风影响。冬季虽受大陆气团的影响，但从西伯利亚刮来的寒流经历几千公里的高山大川的阻隔，到了这里已是强弩之末，对村落影响度低，故村寨朝向不必严格遵循坐北朝南或坐西北朝东南。

从坐向看，城子村的建筑并不关注采光问题。风水术认为"风吹骨寒，家庭衰败"。采光不仅关乎体魄的强健，而且关系家荣族强。对于北半球绝大多数住屋而言这是有科学依据的，尤其北回归线以北太阳都是斜射，采光及其重要，而城子村是位于北回归线附近（北纬24°15′～24°20′），到了夏季，太阳接近直射，紫外线极强，为了创造一个舒适的人居环境，考虑更多的是避免阳光照射。即使到了冬季，太阳直射点在南半球，土掌房仍然能够采到光，因为土掌房大多数都有天井，即使正房采不到光，厢房也能采到。此外，冬季的阳光不像夏季那样毒辣，空闲的人们可到屋顶"晒太阳"，即使是阴天，雨天也没关系。据老人说在20世纪50、60年代前冬季里家中的火塘是不灭的，更何况土掌房有优良的热工性能。

笔者通过调查发现，城子村土掌房的窗子非常小，也非常少，甚至靠后墙全封闭，并无窗子，这也是由地域技术决定的，原因一是这里的匠人没有解决大跨度的窗子受力的结构问题，所以只能开小窗。原因二是为抗风防寒、避免阳光直射，城子村一年大部分时间盛行西南季风，所以在后墙不开窗，山墙开小窗。为了有效避免夏季阳光的直射，冬季热量的散失，小窗和无窗能较好地解决这个问题，阳光射不进屋里，能够保证屋内凉爽惬意，冬季屋内密密实实，屋里的热量被很好地保留下来。此外针对土掌房阴暗潮湿的特点，村民们有自己的调适方式，村民们白天几乎都出去户外劳作，只要敞开门窗就能让室内的空气进行有效对流，虽然外墙无窗或少窗，但是靠近庭院的内部的正房和厢房都有木格子窗，基本能解决一层的采光通风问题，而在二楼的正立面一般至少开一个大窗，因此能满足基本的光线需求。

城子村跟云南其他地方一样降水丰富，主要集中在四月中旬到九月份之间，一般能超过1100毫米，且盛行西南风，为了适应多雨、多风导致的飘雨，村民们在土掌房的设计上必然会考虑防飘雨、防风、排水等问题。

通常说来，土掌房是为适应干热干冷地区而出现的一种住屋形式，对于多雨炎热的云南认为是不合适的选择。就如前文所述，土掌房是继承西北氐羌族群的基因，对新家园自然环境积极调适的结果。下面从土掌房的屋顶、屋檐、窗子及石基来分析其对多雨的调适。

城子村虽然是土屋顶，因为有屋主人持续居住与维修，渗漏的情况很少，这既与以村民高超的建筑技艺有关，也与土质的特性有关，"胶泥土"溶解度本身就很低，在使用前要经过反复"踩踏"，进一步降低其溶解度，当地称踩踏后的泥为"气巴泥"。屋面上刷一层石灰或水泥，有效防止渗漏。通过实地测量，屋顶不是绝对的在同一水平线上的，是有微微的坡度，用肉眼不易看出来。村民告诉我，在以前土掌房没有土锅边，在营建屋顶时有意识让中间"鼓"起一点，目的就是及时排水。后来屋顶四周流行围一圈土锅边，则在土锅边侧边留一个小缺口，作为排水之用，一旦下雨，雨水就会随着坡度，迅速汇集到排水口，及时排出去（图2-1-3）。若遇到连续暴雨，渗漏就有可能发生，聪明的城子村民就会在雨季来临前多设几个排水口或进行翻修。如果出现渗漏，就弄一些"胶泥土"补上（图2-1-4）。

图2-1-3　土锅边上的排水口

（图片来源：作者自摄）

图2-1-4　平常屋顶修补

（图片来源：作者自摄）

　　由于风比较大，飘雨的情况就比较多，为了有效地避免飘雨对墙体的侵蚀，土掌房挑出的土屋檐较长，几乎能达到50厘米，原理与悬山屋顶相同。此外，为了保护墙体，村民们用草拌泥抹墙。由于土屋檐的保护力有限，村民在墙体下半部就砌筑石墙，这样整个墙体就解决了飘雨侵蚀的问题。

　　在城子村对于没有庭院的土掌房（即仅有正房三开间的"一"字型），屋主人会在明间前加建一个木构架的单檐廊，俗称厦子、厦廊。有平顶和单坡两种形式，单坡又分为平行于楼层和高于楼层两类，也有的干脆在正房三间的前面又加上檐廊，构成了从室内到室外的过度空间，加上屋顶的土屋檐，构成重檐屋顶，极大地增强了防飘雨的效果，对于有庭院的土掌房，如"将军第""盘北指挥部"的正房、厢房都设有檐廊，正房构成重檐屋顶，厢房构成吊厦，既可避免阳光直射，也可避免飘雨侵蚀，再者，正房三间比厢房高，正房与厢房檐部之间没有斜天沟，而是相互穿插，这样就避免漏雨。

　　城子村夏季炎热多雨，年日照时间长，所以不论是平顶土掌房还是瓦檐土掌房都考虑通风散热。平顶土掌房在瓦檐与墙体交界处专设通风层（图2-1-5）。在城子村中营、小营有一部分瓦檐土掌房，即正房是双坡屋顶，而厢房仍然是平顶土掌房，出于通风散热的考虑，双坡屋顶的瓦直接铺在椽子上，省去了龙骨、苫背、筒板瓦，这样的做法当地俗称"干沟瓦"。这样的屋顶气孔非常大，阳光可

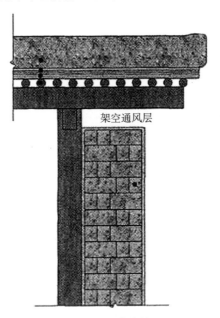

图2-1-5　平顶土掌房的通风层

（图片来源：作者根据《云南土掌房民居的砌与筑研究》改绘）

以从气孔射进来，使楼层映上了点点亮光。二楼一般不住人，主要是存放粮食，这样的环境粮食不易发霉。二楼主要考虑通风与散热，较少考虑保暖。瓦檐土掌房一般都有厦廊。厦廊处于室内与室外的过渡空间，能有效遮蔽夏季毒辣的阳光直射，有效保证室内的凉爽与通透。

由于盛行西南季风，在云南一些峡谷地带风速很大，这导致一些地区的树冠偏东北方向，各地区的住屋为适应这一特性，在住宅行为上也采取了一些措施，以防止风力对土掌房的物理破坏及影响村民的正常生活。城子村的土掌房为应对自然风力的破坏，也采取了相应的调适措施。城子村坐落于飞凤山腰，山体为村落提供了一个天然的避风屏障，依托飞凤山，西南风对村寨影响有所减缓。其次整个村落被群山环抱，不管哪个方向的风到此都已是强弩之末。

土掌房墙体大部分是夯土墙和土坯墙（或称"土基墙"），夯土墙是夯打出来的，不存在缝隙，而土坯墙在砌筑的时候都用砂浆堵缝。砌筑完后，还要在外墙抹一层草拌泥，这有效防止寒风从缝隙侵袭屋内，同时内墙会进行更为精细地粉刷。

城子村有相当一部分是合院式，外墙高大且无窗，院落内向聚合，四面封闭，庭院宁静惬意，创造了一个非常舒适的微环境。此外城子村距离昆明180余公里，在气候方面与春城很相似：冬无严寒，夏无酷暑，降水丰富，日照充足。院子和廊厦是非常舒服的休憩空间，也是内外空间的过渡部分，具有室内空间室外化，室外空间室内化的特征。这样半封闭内向性的住屋形式，可有效避免外界因素的干扰，提高居住的舒适度。

二、土掌房的地理适应性

西南地理环境复杂多样，以山地为主，其中穿插着大大小小的山间坝子。不同的民族根据自己的历史条件、居住习惯等各种原因，选择居住区。在山区、半山区居住的民族被称为山地民族，而在坝子居住的叫平坝民族。各民族的居住形式，都是对特定地理环境调适的产物。彝族是农牧兼营的山地民族。城子村现存的土掌房是彝族先民与迁徙而来的汉族共同创造的，是彝族对祖先氐羌族群在甘青高原建筑原型的一种无意识反映，也是对定居地地理环境适应的产物。

城子村土掌房聚落群是根据飞凤山的地形地势从左到右、从上到下自然发展，土掌房的建筑肌理与飞凤山地形地貌契合无间，从而表现了人居环境与自然环境的整一和合。土掌房与飞凤山结合得是那样得巧妙，好像是从大地里长出来一样（图2-2-1）。土掌房沿飞凤山等高线平行的排列组合，层层叠叠，左右相连。远观之，土掌房似乎顺等高线层层排列，但是也为适应具体的地形地势，在平行等高线的基础上自由灵活偏转不同的角度，为土掌房增添了不少生气。

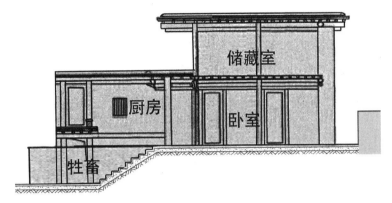

图2-2-1　适应坡地地形布置建筑

（图片来源：作者自绘）

飞凤山状如展翅的飞凤，大营分布于"飞凤"的"右翼"，中营位于"凤身"，小营分布于"左翼"，在飞凤山顶有一座汉式老宅——云灵寺（即昂土司府遗址），好似一个统帅三军的指挥官，统领全局，座座土掌房连成一体好似"飞凤"的羽毛，时而又像昂贵土司统治下的蛮兵，威武雄壮。

城子村的交通系统由地面交通和屋面交通共同构成，这是城子村一大特色。（图2-2-2）交通系统的空间特征与飞凤山地势密切关联。地面交通系统将村落分割成若干组团。每个组团内的土掌房基本是连接为一个整体。因此组团内的交通主要是屋顶交通在起作用。村落中的土掌房随地势的高低而分出层次。错综复杂的街道依地势而成，路面有土路、石板路、毛石路等，街道宽窄不一。整个村寨就像级级升高的梯田，在组团内各户之间通过屋顶交通就拾级而上、左右沟通，完成交流。

村寨内的道路顺应山势布局，但仍然有其内在的规律性，即以最短的距离将尽可能多的人家连在一起，方便村民串门交流。村中的街道不像内地传统的城镇按一定的方格网模数制布局。从剖面看，地面交通受地势影响主要形成同一等高线、不同等高线、过街楼三类公共交通。城子村落这三类交通根据飞凤山的微地形地貌、农田及各种民居界面自然布置街道，街道骨架好似"冰裂纹"，似是随意之作，其实是一个完整的有机体。不同等高线上的房子之间的间隙自然形成纵横交错的街道，整个寨子迷宫一样被纵横的街道连成一个有机整体，颇有曲径通幽的妙境之感（图2-2-3）。街道上部分人家还建有类似过街楼的建筑，将土掌房

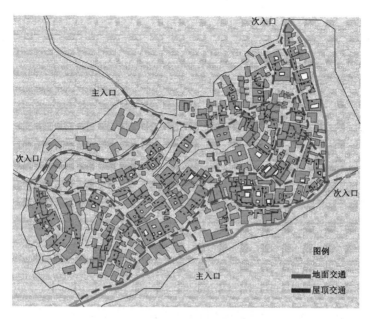

图2-2-2　城子村的交通系统

（图片来源：作者根据《传统土掌房建筑风貌及布局特征活化研究》改绘）

图2-2-3　地面交通

（图片来源：莫泰云绘）

延伸到街道上，下面人畜通行，上面形成了一个平顶晾晒场（图2-2-4）。同在一个相近水平线的土掌房屋前自然形成一条街道，沟通全村。

图2-2-4 村中的过街楼

（图片来源：莫泰云绘）

土掌房的结构布局巧妙，利用自然环境，遵循着与自然环境协调相融的原则。背山面水，视线开阔，阳光充足，这里的土掌房依山就势，左右相连，与山势融为一体，反映的是人与自然和谐相处的生态理念。城子村布局在飞凤山的微地形地貌基础上，善于对当地各种自然要素的因势利导，灵活巧妙地将有利的自然要素引入村里，为村民的生产生活服务，同时又发挥人的聪明才智规避自然环境要素中的不利因素，真正做到趋利避害。

村落面朝大片水稻地，护城河、中大河从村前缓缓流过，可谓"背山面水称人心"。在炎热的夏季，村前连片水稻，绿浪翻滚，有效的消酷除热，似大自然赋予城子人的"绿色空调"。城子村两条河流分布于稻田两侧一前一后两山脚蜿蜒流过，既为农业灌溉提供充足的水源，也为村民提供生活所需之水，飞凤山脚下的"护城河"，现在村民称为"护村河"，以前是土司军事攻防伐御的产物，现今既是村民别内外的心理防线，也是哺育村民繁衍生息的乳汁。

彝族先民在漫长的生产生活实践中，逐渐积累并形成了自己的一套自然观，内化到民族心里，发展为集体意识。最初由于生产力低下，彝族先民认识能力有限，认为万物有灵，人必须与之和睦相处，才能不遭自然的惩罚，才能得到自然的庇佑，因而对自然产生敬畏与崇拜之情。今天的城子村民仍然对大自然怀有一颗敬畏与虔诚之心。正是在这样的自然观的指导下，城子村土掌房群落巧妙地融入自然，成为自然环境中的一有机部分。现在村民在村子周围的群山上植树造林，现已郁郁葱葱。村里的土掌房虽然密度很大，但只要有空隙的地方，村民就会栽种各种花草树木。现在的城子村是依山傍水，村前大片良田，山上植被茂盛，村中点缀各色花草树木，蓝天白云相间辉映，村落环境美如画卷。

三、土掌房的农耕适应性

多民族的西南生计方式多元，从总的来看，有农耕型、游牧型、农牧兼有型。从所处的地理环境可分山地农耕、平坝农耕（或是旱作与稻作）；从土地的利用程度，可分精耕农业和游耕农业。不同的生计方式对住屋形式影响深远。即使是农耕民族，其耕作方式不同也会形成不同的住屋文化。从事精耕细作的民族，生活较稳定，一般变动不大，尤其是平坝农耕民族，其耕作技艺非常成熟，土地利用率极高，几乎没有休耕期，这样的民族往往内向保守，固守土地，追求和谐稳定，讲究和气生财，希望居住环境稳固和长久。为满足粮食晾晒、贮存等需要，在结构、布局设计都表现出极强的农耕适应性。

彝族村落多建在依山傍水的山区或半山区，《元阳县志》记载："彝族多居住在山川壮丽、资源丰富的山区，村寨依山傍水，四周梯田层层，村后有山可供放牧，村前有田可供耕种，多数村寨都有一条水沟从中流过。"形成"上边有坡养羊，下边有地种粮"的聚居格局。这样的村寨格局是对生产方式的调适性选择。城子村以精耕农业为主业，牧业为副业，精耕农业又分为山地旱作农业和平地稻作农业。城子村背依大山，上可进行旱作农业及放牧，同时村前大片水田，可以进行水稻农业。而村落坐落于飞凤山腰也是适应相应生产方式的优化选择（图2-3-1）。虽群山连绵不绝，但大部分山地的坡度基本能进行耕作，对山体影响不大。南盘江上游的小江支流中大河流经城子村，这为城子村进行稻作农业提供了充足的水资源。城子村位于半山区，即介于山区与平坝之间，改土归流以前是彝族白勺部，是典型的山地农耕模式，而稻作是汉族带来的。所以城子村的农耕文化兼有山地旱作文化和平坝稻作文化的特点。这样的农耕文化表现出了村民对山地环境的依赖性，培养了他们吃苦耐劳、粗犷奔放的山地民族性格，另一方面精耕细作也塑造了村民细腻平和的性格。城子村民"刚柔并济"的性格同样在土掌房打上了深深的烙印，即外形粗犷、质朴，内心装饰精致、缜密。

从平面看，城子村以飞凤山为圆心，将耕地、牧地、森林、河流等要素纳入合理的耕作半径内，由于山势较大，耕作半径的范围必须保证耕作效率，即能有

图2-3-1　上有坡可养羊，下有地可种粮的村落格局

（图片来源：作者自摄）

效节省路途中的时间。从立体看，周围多山，上可放牧兼耕作（旱作），下可进行稻作，这样不管朝那个方向，生产半径都比较接近，因此就能够有充足的时间进行精耕细作，按季节时令抢收抢种，及时对农作物进行管理。如此能有效保证农作物的质量，不致于出现误农时。比如村前水田管理只需充分利用平时的零散时间即可，整时间就用于较远的耕地则效率最高。

城子村的山地一部分开垦用于种植抗旱作物，一部分保持原样，用于放牧，以及维持生态平衡。以农为主的经济，耕牛几乎是每家必备的，此外村里还有以养羊为生的家庭，保留牧地草场就很重要。[1] 农闲时有专门的人负责放牧，山上青草茂盛，牛主人只需把牛赶到有草的地方任其嚼食，主人则做自己的事情，如做针线活、捡柴禾、采野菜、拾野生菌或几个放牛老倌、放牛大妈下棋、打牌、聊天以消磨时间。农忙时，把牛赶到无庄稼的田间地头，由小孩看管，大人只管去劳作，劳作结束后牵牛回家就行了。"牧区"与村落耕作范围是重叠的，牲畜对这个环境非常熟悉，"宜牧"是必然的。所以这样的村落格局是宜牧宜耕的。

城子村多山，且土石混合的山居多，水田稀少，旱地有限，人口较多。基于

---

[1] 2010年笔者调研时村里的耕牛非常多，几乎每户都有，有的有好几头。此外还有一些农户养马、羊。现在随着微耕机的盛行，使用耕牛的越来越少了。仅有的一些牲口成了游客驻足拍照的靓丽风景。

这样的生存压力，选址必须考虑节约耕地，尽量不占耕田，不占好田。所以将居住区选在飞凤山腰，而山上的缓坡地带则被开垦为旱地，陡坡或是森林地带留作放牧区。村前是高原山区稀有的平地，用于种植水稻，在传统社会村民是绝对舍不得用来建房的。为了节约耕地，土掌房密度非常大，且一家的屋顶是另一家的庭院，几乎一家接着一家，把空间利用到极致，众多土掌房民居密密麻麻地排列于飞凤山腰。这样节约出来的大量耕地，能够为村民提供更多的粮食。

对山地民族而言，平地是宝贵的，尤其是进行精耕的山地民族，平地不仅珍贵，而且必须拥有，即使大自然没有赋予他们，他们也要克服困难创造平地，以解决农作物的晒场问题。城子村的平顶土掌房就是彝族先民基于这样的环境而创造的人工晒场。在每年的收获季节，庄家都已成熟，稻谷、玉米、大豆南瓜等都往家里搬，平屋顶就是他们的晒场。不管是富裕人家，还是平常百姓，屋顶皆建造成平顶。一般屋顶面积大的主要晒水稻和玉米，小一点的平屋顶则晒南瓜、大豆、辣椒之类（图2-3-2）。当粮食作物晒干后，村民就在屋顶上用竹子或是葵花杆建一个临时简易的仓库，形似一个下部比上部略粗的桶状，再在上面覆盖一张塑料纸，最后用稻草在其上做成一个草帽状的顶，并用绳子将其勒紧，俗称"粮食垛"。每个屋顶都有一个或几个这样的粮食垛，整个村子屋顶的粮食垛，在蓝天白云，青山绿水的映照下美轮美奂（图2-3-3）。如果室内空间比较大，有专门

图2-3-2　城子村作为晒场的屋顶

（图片来源：黄光明摄，城子古村管理委员会提供）

李政权 摄　　　　　　　　　　　　　陈艾林 摄

图2-3-3　粮食垛

（图片来源：城子古村管理委员会提供）

的仓库，就不用将粮食存放在屋顶了。在每家的屋顶有一个或几个用石板盖住的小口，刚开始笔者以为是采风口或采光口，经过询问村民才知道，小口下面是屋主人家的仓库。粮食晒干后如果不继续放屋顶上，就可从这个小口将粮食倒进去。当然了这个小洞也具备采光通风作用（图2-3-4）。

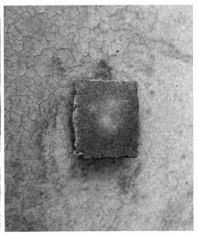

图2-3-4　屋顶上的粮食口

（图片来源：作者自摄）

还有一类带茎秆的藤蔓农作物，如辣椒、黄豆、玉米等，这类作物一般是放在坡屋顶上风干，但是坡屋顶面积有限，且大多数村民都是平顶土掌房，因此村民又把他们的智慧聚焦到了墙体上或梁枋上。通过观察发现村里两层的土坯墙（或土基墙）靠二层的墙面是不粉刷的，土坯墙的缝隙完全暴露在外，在上面规律的插着长约30厘米的木棍。每隔一层土坯插一排。这些墙体上的木棍就是用来挂有茎秆、藤蔓的农作物。土掌房的挑檐伸出约50厘米，其下的农作物一般不会被雨淋湿。此外屋檐下、过街楼、房梁下都可以悬挂粮食（图2-3-5）。

图2-3-5　屋檐下挂满收获的玉米

（图片来源：作者自摄）

从饮食角度分析，靠山可以为村民提供各种肉类和蔬菜，水可以为村民提供水产品。有道是靠山吃山，靠水吃水，山上森林植物资源丰富（笔者十年前去调研听村里老人说在20世纪70年代以前，这山里有老虎、豹子、野猪等野味，因为这些动物经常下山伤人，民间多次组织猎杀，现在大型动物已经灭绝，只是偶尔还能见到野鸡、野兔、野猫之类的小动物），为城子村的餐桌提供了丰富的野菜，城子村有名的土司宴中的素菜大多来自自然。几乎每个季节都有相应的野菜，在春天有龙爪菜、苦刺花、棠梨花等，还有野果如黄嗦蜜、野草莓。夏季就更丰富了，各种野生菌满山都是，灰雕菜、野蒜果等应有尽有，这极大地补充了蔬菜的品类。

村前中大河缓缓流过，为城子村的饮水及水田灌溉提供了丰富的水资源，该河不仅保护和养育着世代城子人，也为他们提供了丰富的水产品。河里有野生鱼、泥鳅、贝壳、黄鳝、小虾等。村里跟我年龄差不多的年轻人说在他们小时候一放学就背着篮子去割草，用篮子就能在河里捞鱼，然后用荷叶包着，这便是晚餐桌子上的一道美味。

　　明以后，受汉文化的影响，城子村逐渐进入精耕细作的小农社会。在这个熟人社会，可以少与其他村落联系，但村落内部必须团结，邻里必须互助，这既是感情的需要，也是生产方式的客观要求。从各户土掌房间的紧密连接便可佐证。你家的屋顶就是我家的庭院，在晾晒农作物时如果不互相体谅，互相帮助，就会带来很多麻烦。当粮食搬回家后，上方家的粮食堆放在下方家的屋顶。这样很自然地将整个村子联系成一个有机整体。整个村子呈现出一片其乐融融的景象。反之，若把粮食放到自家屋顶，则要徒增不少劳力。到春耕秋收时，互助的景象更是常见，你帮我，我帮你，并不计报酬，主人家只需置办饭菜即可，当地俗称"换活"。事实上，只有这样才能保证顺利的抢收抢种，这是特定经济模式决定的。

　　乡村人类学（rural anthropology）认为农民生计是以家庭为生产和社会组织的基本单位。家庭成员是其主要劳动力，尤其是男丁，由于精耕农业的特殊性，他需要全家人的集体劳作，尤其不可缺的是重体力者，因此扩展家庭是最佳模式，这样的家庭可以发挥集体的力量应对突发事件及自然灾害。城子村的土掌房空间布局也是为适应这种生计方式而设计的。每个家庭以父亲为核心，共同住在一个屋檐下。城子村的家庭还有一个非常大的特点，农闲时各小家庭单独生活，到农忙时在父亲的领导下，又组成一个临时扩展家庭，一起吃饭一起劳作。农忙结束，扩展家庭又回复到小家庭模式。这样家庭模式非常优越，既能发挥大家庭力量保证抢收抢种的顺利进行，又能将家庭成员之间的矛盾降到最低。虽然住在同一个屋檐下，但大家和睦相处，相安无事。若干的核心家庭（小家庭）在农忙时组成以血缘为基础临时扩展家庭，当村寨有事，若干的扩展家庭或是小家庭又组成一个以寨为单位的地缘组织。

　　城子村实行一夫一妻及诸子共同继承制，女儿一般不参与继承，儿子结婚后先跟父母住一到两年的时间，目的是让他们能平稳过渡。之后在经济上与父母分开。在平时，夫妻小家庭自己生活，自己管理耕地、庄稼。如果无新房，一般跟父母住在一起，如果有新的宅基地，在经济条件允许下子女会另建盖新房，独立居住。因此与父母、兄弟姐妹不会发生大的冲突。到春耕秋收的农忙季节，全家人又聚集到一起，一起劳作，一起吃饭，但不住一起。父母百年之后，诸子共同继承父母留下的遗产。

　　在临时组建的"扩展家庭"里，以父亲为核心。农忙时，由父亲组织生产劳动，共同劳作，男女老少分工明确，男壮丁负责犁田耙地之类的重体力活，其余轻体力活共同协作完成。为了保证不误农时，保证家庭成员互相协作，即使分离为若干小家庭，也要保证家庭成员尽可能的生活于一个屋檐下或一个村中。因此"连体式"土掌房的布局是符合这样的生产模式的。此外，这还有利于子女孝敬老人，让老人安享晚年，老人也可以向小辈传授农业知识及经验，同时也可以帮子女做些家务，好让他们专心于田间劳作。

无血缘关系的地缘性"大家庭"（或者说村集体）是以村寨为单位组成的。在比较偏僻的城子村，由于历史原因，为了共同的防御与协作生产，村民必须组成一个协作性质的"大家庭"。因此土掌房之间必须有机地连成一个整体，当然这一功能在今天已经失去了存在的基础，但共同灌溉、集体修路、修水渠、集资建寺庙仍然还在维持着这个"大家庭"。就以灌溉为例，水资源有限，为了保证本村所需的水源，村民必须团结起来与它村争夺水资源，这时个人只有置于集体的庇护下，才能获得其所需的生产资料。在村内部，各户之间必须客观公正的分配水资源，这样才能维持村民之间的和睦与团结。有了共同的利益自然能保证土掌房世代连接在一起。诚然，现在由于城市化影响，农耕文化式微，这样的自治社会逐渐失去经济基础而趋于瓦解。

总之，土掌房的形成是适应自然与农耕的结果。在社会发展的早期时，自然因素对土掌房的形成起主导地位，而到某个临界点自然因素和文化因素的作用力相等，当社会发展逐渐进入成熟期，文化因素占据主导地位。这里自然因素主要包括气候、地形、地势、环境、材料、技术经验、劳动力等。文化因素包括价值观念、审美心理、社会制度、道德伦理、文化习俗、政治意识、生活理念等。

彝族先民最早在西北甘青高原一带过着"逐水草而居"的游牧生活，从民族集体意识的历史积淀来看，必然要受到早期生活环境的影响。据史料记载及考古发现甘青高原早期不仅多黄土，而且森林植被茂盛，土文化十分发达，从中国建筑史可知，生活在黄土地区的中国先民很早就学会了对土的加工工艺，已经掌握了夯土加工技术。后来各种历史因素，氐羌族群不断南迁到今西南地区，其建筑工艺也必然随之南迁。他们定居下来后，为了适应当地的自然环境并与其民族的历史记忆保持一致，彝族先人进行了文化与自然的调适。永宁乡山多地少，黏土、树木、石头资源丰富，湿润多雨。从进化论来看，土掌房处于中国建筑演变序列的早期，一定程度地继承了甘青高原时代对土的加工经验，这种继承是合理的，也是符合实际的。土、木、石结合的早期建筑体现了就地取材的现实性，体现了对湿润多雨环境的适应性，体现了小农社会所用的砍伐、挖掘工具充当构筑工具的便利性，这种继承体现了自然环境、材料资源、技术手段的先天合理性。同时为了适应新环境，结合现实条件，作了变通性发展，比如，为了防雨水侵蚀，发展了石头的加工工艺；为了解决晒场问题，将屋顶建成平顶式；为了躲避西南季风，房屋背山修建；为了顺应地形地势，土掌房村落依山顺势而建。

第三章

土掌房的营建在地性

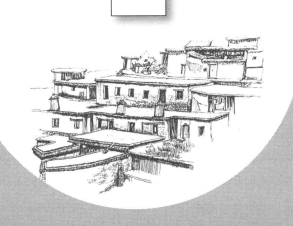

建盖房子是彝族一生中非常重要的事，关乎居住其中的每一个人福祉，因此彝族先民们有意识地在土掌房营造过程中举行各种仪式活动，逐渐积淀成丰富的民俗文化。此外为了更好地适应自然环境、社会环境，经过长期的经验积累，彝族社会逐渐形成一整套建盖工艺，使土掌房发展成为自成一体的民居类型。

一、土掌房的营建文化

（一）选址智慧

彝族建村立寨的选址十分讲究，一般选择在半山腰，寨子四周要群山环绕，树林茂密，水源丰富，土壤肥沃，寨子后面山顶要有茂密的"神树林"，禁止任意砍伐。房前屋后植树造林、种瓜种豆，环境优美宜人。这样的选择除了生活习惯、审美需求外，还有共同的民族记忆，那就是对水的敬畏。

在城子村至今流传着"洪水神话""兄妹传人种"的传说，其实这是氐羌族群远古记忆的一种普遍表现形式，也是彝族族群的伤痕记忆。我们据此可以从生态与自然环境变化的角度来诠释氐羌族群迁徙的原因。"近四千年来地球周期性的气候变化几乎与中国北方游牧民族的盛衰周期相对应"。[1] "地质史早已证明，第四纪冰川期全球曾有过一段温暖期，发生了海侵和局部大洪水，对当时的原始人类危害极大，印象极为深刻，因此先民们代代口传的是确凿的对于地质事实的种族记忆的传承，只不过这种记忆借用了洪水神话的形式"。[2] 充足水源是每个民族生产和生活不可或缺的。凉山地区的彝文文献记载有："当洪水时期，仲牟由为避洪水即居于此山（蒙低黎岩山）之上。"[3] 《正德云南志》载："蒙低黎岩山在易门县治南五十里，高插云汉，下有平谷，宜牧。"仲牟由又叫笃慕勿或觉穆乌，是

---

① 王会昌.2000年来中国北方游牧民族南迁与气候变化[J].地理科学，1996（3）.

② 张文勋.施惟达.张胜冰.黄泽.民族文化学[M].北京：中国社会科学出版社，1998：58.

③ 李程春.滇南彝族人家的"退台阳房"——土掌房今昔[J].民族艺术研究，2007（3）：69-75.

彝族传说中洪水时期的领袖，至今许多彝族地区都有关于洪水故事的传说，城子村流传的"洪水神话""兄妹传人种"的故事，反映城子村先民也是奉仲牟由为其祖先。《水经·温水注》载："温水（今南盘江））又径味县（今曲靖）……水侧皆是高山，山水之间，悉是木耳夷居。"从这些零星的记载可以推知彝族先民曾饱受洪水之灾，经过长达千年的生存经验累积，形成彝族共同的伤痕记忆，所以避水患、居山地成了彝族聚落选址的共同理念。

《元阳县志》载："彝族多居住在山川壮丽、资源丰富的山区，村寨依山傍水，四周梯田层层，村后有山可供放牧，村前有田可耕种，多数村寨都有一条水沟从中流过"。[①] 山形地势、山脉水流、气候温差、土木石等自然条件对民居建筑有很大的影响，基于这样的地理环境，彝族先民在考虑村落与民居选址时，多选择于背山向阳避风的半山腰。

城子村遵循彝族的选址传统，但有一点与其他地方不一样，那就是村寨的朝向，一般而言在北半球不管是城市还是乡村，大部分都是坐北朝南，目的是防南下寒流和采光。但城子村所处纬度接近北回归线，太阳高度角较高，方位对采光影响不大。基于生存经验的积累，彝族在房屋选址过程中有很多禁忌，受汉文化影响，城子村的彝族也讲究"山管人丁，水管财"。所以对山对水很有讲究，如忌房后有水，否则有洪涝之灾，相反房前有水为吉，会给家人带来滚滚财源。大门所对忌秃山，否则会使家贫族衰。若门前植被茂盛，户主就能人丁兴旺，子孙满堂。屋前要有一块平地，非常忌讳门前有障碍物，此外禁止孕妇参与地基的选择，否则会给家人带来不幸。

彝族先民迁徙到滇东南定居，过着农牧兼营的生活。对于村寨的选择有他们自己的一套法则。那就是必须有山以供他们放牧，有水以供他们进行农业灌溉和满足日常生活所需，地形还要隐秘，有较好防御性。

以上建村立寨的法则虽然简单，不成体系，对其剖析后也无神秘之处，原理上与汉族风水相似，都是基于生存与发展的考虑，如保证族群生息繁衍、六畜兴旺，与自然和谐相处等。城子村最初的选择是按照彝族先民的生存法则来选择的，但今天却被认为是中国传统风水理论运用的典范，说明城子村发展后期被人为地附会了汉族的风水，也反证了彝汉文化融合的发生。其原因是彝族选址体现的是最本真的生存法则，并无神秘性。昂贵土司的到来，为了标榜所居之地为

---

① 元阳县志编委会.元阳县志[M].贵阳：贵州民族出版社，1990.

"龙兴之地"，在选择永安府基址时，按照汉族风水"装饰"一番，赋予各种"名堂"，以获得合法性，让城子村变得神秘，让人顿生敬畏。这样自然有助于昂贵土司推行统治政策，称霸一方。

村民对于城子村的选址是自豪的，他们认为城子村前有名堂，后有靠山，靠山让他们吃穿不愁，名堂让他们兴旺发达。他们把大山比喻为"粮堆"，村落就枕着"粮堆"睡，四面还簇拥着无数的"粮堆"。所以他们笃信"宝地"能佑其五谷丰登，财源滚滚。村民认为村前连片良田，视野开阔，子孙定能文韬武略，并将村中历史上出现的昂土司、李德奎将军、张冲将军等人杰的出现归结为"地灵"。

（二）营建中的民俗文化

彝区分布广，建筑类型多，其建盖流程也不一样，相应的民俗活动迥异。通过查阅文献发现，就土掌房建盖的流程与相应的民俗活动有很多版本，在实地考察过程中则更加的丰富，在同一个村访问不同的工匠师傅，得出的答案都有差异，因为他们有不同的匠艺传承路径，甚至在营造实践中工匠自己可创新民俗知识，因此土掌房营建的民俗文化总处于动态变动中。故书中土掌房建盖流程及民俗知识是包括城子村在内的所有泸西一带所共有的。本内容是笔者十年前访谈老师傅的成果，他们讲的内容多是20世纪80年代前，跟今天有一定差距，特此说明。这里按照择日、动工、立柱、搬新居的建房流程阐述其民俗文化。

1. 择日

彝族建房一般选择在冬末春初，气候相对干燥、雨水较少的农闲时节进行，破土动工前要请风水先生"瞧日子"，以求家庭成员平安健康、五谷丰登、六畜兴旺、财源广进。

建房择日有自己的"禁忌"，禁止在虎、马日建新房，否则会倒塌。其缘由，村民们也说不清，只说是祖辈口传下来的。推测可能与彝族的虎崇拜和马缨花崇拜有关。此外建盖土掌房，不是每一年都可以建的，不能与家人的属相相冲。盖房子的年头要与屋主人的整体运势一致。如果主人家这一年家庭和睦，成员健健康康，财源滚滚，说明主人运势不错，是盖房子的好年头。确定好建房年头，就要确定月份。所谓定月就是指在那个月份建房，事实上并不是每个月都适合建房的。一般建房的时间主要是确定在冬末春初的季节。原因如下：①由于土掌房本身的物理性能，非常忌讳多雨季节，所以必须是干燥少雨的季节。城子村从四月中旬到九月份都属于雨季；②建房需要大量的劳动力，需要村民集体合作，所以只能选择农闲时节。农闲时节主要是阳历的十二月中旬到二月末。这是建房的最佳时机。确定好月份后就可以确定何日破土动工，一般要请专门的风水先生定日。确定日子时老先生要说"四季何日是天恩？"然后根据天干地支、六十甲子结合主人的生辰八字推算，确定的日子称为"天恩日"。完毕，老先生要说："设此是恩，吉日传。"

2.破土动工

置备好木材，选好房址后，确定黄道吉日后就可以破土动工了。这一天同一姓氏的男丁或关系特别好的亲朋好友会主动来帮忙，主要是挖基坑。道士或是屋主人会说一些吉利话，主人的内容随意，主要是祈求天神、地神保佑平安动工，例如：

"某氏中枢（地名）买纸钱，永宁（地名）买黄香，雨圃（地名）买蜡烛，东山（地名）买火腿，买的一只观音老母鸡下的大公鸡孝敬你们，上请玉皇大帝，观音老母及众神仙，下请地府阎罗王，土地公公及众鬼神，保福保佑，平平安安，某某于某年某月某日于何地何事，祭安。"

仪式结束后即可挖基坑，俗称"破土动工"。基坑根据地形软硬确定深处，一般要挖到硬土层。挖好基坑后，屋主人要请专门的石匠来砌筑石基。在建石基之前，众石匠在地基处拜鲁班鲁公明，屋主人不参与。当地的木匠，石匠都认为鲁班是他们的行业祖师爷，所以在每次开工之前都要拜先师鲁班。施工队会用木板自制一个牌位，上刻"先师鲁班鲁公明之神位"。置于地基正中祭拜，拜完之后，开始"下海底"（平地以下的石基），一般先铺毛石，后灌砂浆使之浇筑凝固。讲究的人家，在平地以上，石匠就要将石头凿成方块状，并用凿子凿出一条条纹路，十分方正平整，然后支砌石块，并用砂浆黏合（图3-1-1）。普通人家，可能就没那么讲究，毛石垒砌，风格粗糙质朴（图3-1-2）。支砌的过程中忌讳破缝，这样不稳固。出现"破缝"，主人家非但不会支付工钱，而且还要重新支砌。平地上一般石基超出地面一米左右即可，坡地则低洼处地基较高。

3.立柱

彝族竖柱一般要选黄道吉日，确定竖柱日后就可以竖柱了，竖柱由木匠师傅主持，屋主人及帮工配合。搭好架子便可竖柱，竖柱的过程：柱从左向右竖。柱子立在柱脚石（石础）上。在立柱时主人在每根柱底下要放点钱在里面，可以是纸币，也可以是硬币，古钱最好，以期从今往后"拉金尿银"，财源广进。

图3-1-1 精凿的"石脚"
（图片来源：作者自摄）

图3-1-2 毛"石脚"
（图片来源：作者自摄）

房屋框架竖立好之后便可上梁，上完梁后，就是用红布包梁，被包的梁是堂屋正中正对顶部，居于整个主屋的中心，用一尺六的红布，其上有道士画的八卦，上面写道"姜太公在此，诸神回避"，在红布里放有碎银子及五谷杂粮，"五谷"象征五谷丰登，有吃有穿。"碎银"意味着金玉满堂，财源广进。"八卦"意为消灾避邪保平安。包到顶梁后木匠会用铁钉将其钉结实，外面再用红毛线缠绕几道（图3-1-3）。

图3-1-3 包梁
（图片来源：作者自摄）

在木匠师傅用红线缠绕红布时，口里念到：

"左边是梁头，右边是梁尾，梁头是龙头，梁尾是龙尾，梁腰是龙神，一边栓龙头，一边栓龙尾，今日，某氏奉请龙王爷快快显灵"。

包红布也要说吉利话，如：

"今日某氏上街买回红布六尺六，为你披金戴银，披红挂绿，一尺红布红闪闪，主人的日子红火火；二尺红布亮金光，主人的财源滚滚来；三尺红布祥瑞降，主人的生活平安安，四尺红布牛王妈祖快显灵，保佑鸡猪牛马牲口兴旺；五尺红布奉请文曲星，子孙上北大，进清华；六尺红布万丈光，光芒四射，世人平安。"

包完梁之后就是"挂大红"，房主人的至亲这天会带来一些大红布，挂在大梁上，一直从顶梁垂到地面，象征着日子红红火火。当然现在"挂大红"用红毛毯的居多，既继承了传统"红火"的象征意义，也是至亲给房主人的一份实用礼物。还有主人会在房子的四周插上三角形的小黄旗，上面画有狮子吞口及八卦图，象征人的居住空间与鬼神空间的分隔。

立柱之后，接下来是夯筑土墙或是砌筑土坯墙（土基墙），夯筑土墙用夹板固定在石基两边，往里填土，并用榔头敲打结实，里面放有竹片、木片、稻草等。砌筑土坯或土基原理跟今天砌砖墙一样。

填土封顶之日，村里人每家至少会派一个劳动力来帮忙，因为工程量大，需要大量的人力，而且害怕雨天到来，所以要求一气呵成。来帮忙的都是义务工，是不计报酬的，主人家只需提供饭菜即可，如果村子较小，可能要全村壮丁同时出动。一般封顶在一天之内完成。请工在传统社会不成问题，因为村民们都有相互帮忙的习惯，当地称之为"换活"。这既反映了彝族人民互帮互助的优良品质，也反映了在封闭的传统小农社会，团结互助是生存的内在要求。封顶的时候，将工人分成几个队，一队负责和泥，一部分负责将泥土传递到屋顶，一部分在屋顶填土，分工明确，各司其职（图3-1-4）。屋顶夯筑完成后，一栋新建土掌房的基本工序完成（图3-1-5）。剩下的安装门窗、装饰装修等小木作则由屋主人根据财力、时间逐渐完善。

4.搬新居

新房建好后，接下来就是迁入新居。迁居也是一件大事，要举行一系列的仪式，关乎住进去的人以后是否健康平安，大富大贵。一般在搬迁之前，家人已经把主要的物品搬至新居了，只是把有代表性的东西留在搬迁那天象征性的举行个仪式。比如炊具留一件，农具留一件，可拆可卸的粮仓一件，电器若干件，衣服被盖各一件，桌子板凳各一件。车、柜子等贵重物品一般都是放在迁居那天搬，好让亲朋好友都能够看见，有炫耀的动机。每一件物品象征着生活中某个方面的

图3-1-4　夯筑屋顶

（图片来源：作者翻拍于城子村展览室）

图3-1-5　新建土掌房

（图片来源：作者自摄）

必需品。暗示着在新旧交替过程中，各个方面都能有序进行，以期达到平稳过渡的目的。来参加迁居的人一人拿一些，组成一支队伍。队伍的最后一人在离开老宅时要放鞭炮以示辞旧迎新。走在队伍最前面的一路走一路放鞭炮。目的有二，一是表达主人的乔迁之喜，二是用鞭炮驱污避邪，保证搬迁平安进行。现在迁居很多仪式省去，非常简单了，只剩宴席。

在队伍最前面的一般是主人家年轻的精壮劳动力，也是最先进入新宅的，据说他们充满阳刚之气，鬼神惧怕，扮演着开路先锋的角色。青壮丁到了屋里后要先踩房，然后其他人才能进，每间屋的每个角落都要踩到，目的也是一样，驱赶妖魔鬼怪，祛除污秽邪气。这时主持迁居仪式的人（一般是本家有威望的长者负责）要说吉利话，以示美好的祝愿及对未来美好的向往。如在滇东及滇东南广泛流传着的搬迁歌：

"一进门来拜四方，四棵金柱顶大梁。张天师傅来竖柱，鲁班师傅来标梁。大梁本身檀香做，二梁本身紫檀香。大梁头起挂纱灯，二梁头起披红彩。上面订起金银椽，金银椽上包银线。中间压起金银板，下面踩起八宝砖。前面盖起三滴水，后面盖起九层天。左边盖起书房屋，右边盖起向阳床。三日不扫堂前地，前生人来后升官。前仓五谷后仓米，金银财帛堆上楼。早上开门金鸡叫，晚上关门凤凰音。"

完毕，把各种物品搬进屋里。

综上可见，泸西一带的建房民俗是中国传统民俗文化的重要组成部分，本质上是祈求诸事平安，是普通老百姓在特定地域、特定时代下的产物，与中国社会主义核心价值观并不相悖，只是其表现形式因时代、地域的原因而披上了神秘的外衣，而非某些人所谓的"老封建"。

二、土掌房的建筑工艺

（一）土掌房的材料特性

传统建筑多使用自然界会呼吸的生态材料，整个建筑从里到外，都显示出一种与自然相契相融的气息，给人一种天然、质朴的感觉，强烈地烙上了生态观、自然观的痕迹。各个地区的人民广泛运用乡土材料于民居中，创造出了丰富多彩的民居形式。乡土材料便于获取，大大降低成本，提高效益，同时地方材料的运用使村落建筑与环境风貌统一。城子村最早是彝族先民白勺部的聚居地，后迁入汉族、苗族、壮族。城子村现在存留的土掌房是彝汉文化融合的产物，以土、木、石为主要材料，同时兼济稻草、松毛、石灰、黄沙等辅助性材料的土木结构。为防止雨水的侵袭，墙基皆砌筑"石脚"，以上为土墙，最上为土屋顶，整个建筑分为三个部分。

1.土材的运用

城子村土的种类丰富，既有山地土，也有水稻土，既有白土，也有红壤，有黄沙、白沙，也有粘性极强的胶泥土（黏土）。土材由于具备热惰性能，具有防寒保暖，防火等功能，是一种经济适用的建筑材料。土掌房从地基到围护结构再到屋顶都离不开土。

建于山坡上的城子村，在建房前需要平整地基，将坡地变成小块的台地，为了保证地基的抗压强度，有效隔绝地下水气对建筑的腐蚀及地气对人体的危害，必须人为地建造一个夯土台基。台基先用石料砌筑一个"台基框"，用建房多出来的土往"框"内层层填充，每铺一层土都用榔头捶打结实，尽量不用生红土，如果填充土不够则去后山上挖水溶性差的胶泥土再填充。在20世纪80年代中叶以前村里没有所谓的水泥地板，都是土地板，即使富裕人家也一样。胶泥土粘性很好，易板结。在建筑技术较落后的当时，这样的地基具有一定的防潮功能，对建筑的使用寿命及生活于其中的村民的健康有积极作用。

夯土墙在大营较多，中营、小营既有夯土墙也有土坯墙。夯土墙又称"干打垒"，这种墙体的诞生在建筑史上具有里程碑的意义。虽然工艺简单，但在相当长的时间里被人们广泛应用，表现出极强的生命力，至今仍然有许多地方在使用。它是用两块木板夹成一个沟槽，往里面填土，用木榔头敲打紧实。土必须有一定水分，否则不紧实，如果水分干，可以在夯打过程中酌情加些水。约每隔10厘米为一小层，每小层上放木棍或木片或竹片或稻草，称为"墙筋"，这能很好地牢固墙体，按此原理逐层夯实，当沟槽填满时构成一个大层，等干透结实后，拆去夹板一头的"狮子头"构建，就可取走木板，再继续向上夯土。在各层之间会留下横向堆叠的痕迹，加上土质本身的质地美，使土墙看上去非常质朴粗犷（图3-2-1）。

土坯与土基比较接近，都是将土加工成长方体块，长约30厘米，宽与高约20厘米。（图3-2-2）制土坯专门有土坯模，土坯模的制作非常讲究，不能随便请个木匠找块木板就做成。模子非常像棺材，平时不能做，只有家人去世时，用棺材的余料制作，而且去世一个人，对应的只能做一个模子，棺材是逝者的住屋，而土坯模象征棺材，暗示死去的人的灵魂附在这模子上，而房子所用的土坯是用这个模子制作的，预示着祖先的灵魂就充满了整个屋子，这样通过"交感巫

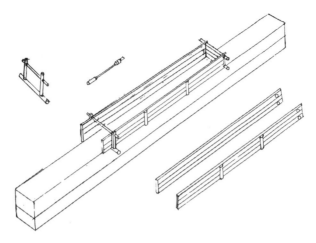

图3-2-1　夯筑土墙及工具示意图

（图片来源：作者自绘）

图3-2-2　土坯墙，俗称"土基墙"

（图片来源：作者自摄）

术"① 将死去的人与活着的人联系在一起。制作土坯时，将将精选的胶泥土踩拌成粘状，即"气巴泥"，把"气巴泥"放到模子里，在泥中加入一些稻草，夯实后，拿走模子，让太阳晒干晒透，这样土坯砖就做好了。

----

① 夏建中.文化人类学理论学派[M].北京：中国人民大学出版社，1997.

土基的制作是北方汉人带来的技术并结合本地具体情况的改良技术。在北方草甸区土内草根错综盘结，当草甸土半干时，可直接挖取土块通过暴晒而成坯，称为"垡子坯"。南方没有草甸地带，但有水稻地，人们在收割完水稻后，土质成半干状态，此时谷茬还在地里，村民用自制的石碌筒来回地在稻田里拖动，将水稻地压结实，然后用墨线将土地画成长约30厘米，宽20厘米的方形网格。然后再用特制切刀沿网线进行切割，最后再用细钢丝横向切割。这样制作的土基有许多优点：①硬度强，由于水稻的根须错综盘结，再加上水稻土被人们常年耕作，粘性非常好；②美观，它是从大地上切割下来的"砖"，较多的保存了自然纹理，同时谷茬仍然留在土基上，由于被石碌筒滚压，谷茬不像刚收割完水稻那样又硬又直，而是变得柔软，当砌筑成墙体后甚是美观，微风一吹，使静止的墙体充满了生机。可惜这种技术已经不再使用了。笔者小时候村里建土房时主要就是用这种方式制作土基的，印象还比较深刻，相反用模具制作土坯砖却相对较少。但根据目前掌握的资料未见有关技术的记载。

笔者在调查时还发现村里留存一些木骨泥墙，它是用木条或竹子编成篱笆状，再在上面抹泥。由于风吹日晒，部分木条和竹子暴露出来了，主人再在上面抹一层泥巴（图3-2-3）。以前这样的简易墙体在泸西是很普遍的做法。小时候村中常见这样的墙，但上面抹的多是牛粪。可能很多人会迷惑，牛粪竟能做建筑材料。对此长辈的解释是："牛吃的是青草、干草或糠。在冬季青草比较少，主要吃干草和糠，这个季节的牛粪不稀，刚拉下的牛粪粘性较强，可以用来糊墙。"

图3-2-3　木骨泥墙

（图片来源：作者自摄）

新云南十八怪之一——"泥土当瓦盖"说的就是土掌房。土掌房的最独特之处就是土筑的平屋顶。屋顶上的梁枋、圆木、藤条、柴草铺好后，就是完成夯土层先铺一层厚约10厘米的稀泥，等稀泥干透后，再用水溶性差的"胶泥土"，厚

约20厘米。之后用锄刀切割成方格网状，所形成的缝用干黄灰填充。（图3-2-4）

图3-2-4　土掌房屋顶形态
（图片来源：作者自摄）

2. 木材的应用

城子村周围群山环绕，森林资源丰富，为土掌房的建造提供了丰富的木材，木材本身的特性易于加工，经济成本低，是一种天然的绿色材料。土掌房结构大都是穿斗式木结构，小部分是墙柱共同承重，这样的结构体系具有很强的适应性。

普通人家把树从山里砍回来之后，村里人都会自觉地来义务帮忙，屋主人只需请几个木匠师傅，就可以把木框架竖起来。不像抬梁式那样复杂。如果没有厦廊，标准的三开间布局为12根柱子（落地柱）直接支撑屋顶的檩子，如果是二层房，中间楼层部位由三排穿枋连接柱子，楼层间的穿枋主要承载楼层自身重量。屋顶上的梁枋要承受一定的弯力，因为屋顶上的檩子铺得比较密实，除了一部分直接担在落地柱上，其余的只能担在屋顶的梁枋上。由于就地取材，工艺简单，非常适合经济有限的村民（图3-2-5）。

土掌房屋顶土层厚实且每年收获的粮食都堆放在上面，村民很对活动也在上面举行，因此需要强有力的结构体系来承受如此之大的荷载，穿斗式结构满足了这一要求。彝族先民很早就明白了木材具有"横担千，竖担万"的特点，调研时

图3-2-5　平屋顶内部梁柱枋结构

（图片来源：作者自摄）

当地工匠告知笔者，他们的"行话"为"直力顶千金"。因此采用竖向落地柱直接承担楼层及屋顶，这是彝族工匠充分利用木材优势特性的科学做法。

穿斗式灵活多变，能根据地形进行适时、适地、适人的调节，城子村的土掌房面积有大有小，面阔或宽或窄，进深或深或浅。这都是地形局限造成的，穿斗式能很好结合地形灵活调节：在面阔上增减梁架的缝数，进深方向调整檩架数即可。所以城子村的土掌房以"一明两暗"的三间式布局为主调，在根据地形灵活变化。

穿斗式对材料的质量要求不是很高，但对数量有要求，如果木材太粗，会给加工带来困难，从村里现存暴露的木构架来看，许多木材都是简单加工后直接使用，有的原木直接是树枝修平，剥完树皮就当柱子、檩子、椽子使用。这样有三个优点：一是这样的木材便于寻找，山上的木材一般都能使用，能满足村民对木材的在"量"上需求；二是降低加工成本；三是对技术要求不高，一般的木匠，甚至村民都能胜任。

在20世纪90年代前，土掌房中都会有一个火塘，去皮的梁柱、枋梁、檩子、椽子等木材，因长年烟熏火烤，其里面的树油溢出来，配合烟子形成了"油烟"。在油烟层的保护下水汽难以渗入，便可防腐，当然也不会生虫子。但这样的环境对健康危害很大，极易得眼疾，村民一旦条件改善，就弃之不用。

3.石材的应用

在城子村已出现了大量的石作，如石墙、石基、石柱础、石门枕、垂带踏跺……将其可以分为五类：一是半围护结构的石墙，指砌筑于土墙下半部分的墙体；二是石脚，主要起稳定地基，防止山体滑坡及防潮隔湿的作用；三是与木构件配合使用的石构件，如石门枕、柱础、踏跺、铺装等；四是各种石雕；五是用石材自作的生产生活用具，如水缸、盆、猪食槽等（图3-2-6）。

图3-2-6　石材运用：石柱础、毛石墙、石台阶、石雕、铺装、用具

（图片来源：作者自摄）

城子村石材资源丰富，东边的龙盘山就是一个石山，取材方便。石材类型丰富，能适应不同建筑的需求。城子村的石墙很多，但大多数是配合土墙使用的，石墙在下，土墙在上。至于各占比例多少，取决于地基的软硬程度，地基软，石墙就会建的厚实，高大，如果地基硬，石墙就会较矮。在地基较硬的情况下，也有的石墙建得很高，这主要是屋主人的个人偏向造成的。此外在房屋坡度比较大的地方，一般都是毛石墙，不用泥沙，直接支砌，最典型的是"将军第"的"姊妹墙"。石头做成锲形状，一个压着一个，非常密实，牢不可摧，历经几百年，依然风采依旧。这样的石墙有非常强的适应性，一是挡土墙，防止山体因重力作用，在雨水过多的情况下出现滑塌现象；二是作为一种围护结构起到遮风挡雨的作用，同时保护其上的土墙免受雨水的侵袭；三是不用泥沙粘合，雨水可迅速从石缝中排出，从而间接地保护了墙体及房屋。

石材加工程度不同，石墙形态表现迥异。村中外墙一般用未经加工或者简单加工的毛石砌筑而成，当地称为"毛石墙"，一般内部的台基石做工精细，要请专业的石匠师傅精凿，将石块打磨成长方体的方砖，当地人称"走檐石"或"面子石"。

砌筑石脚比较简单，挖好"基坑"后将乱毛石放到里面，石匠师傅简单的将其顺序规整，让石头一个嵌着一个，然后灌以砂浆黏合。当砌筑到平地面后就要将石头进行简单加工，使之有一定的整齐韵律感。讲究的人家，还要在外面做"皮条缝"。"皮条缝"有的很规整，横平竖直的，如裸露的砖墙，也有像虎皮的纹路一样，不规整，且风格粗犷，充满野性，也称"虎皮墙"。

总之，就地取材的乡土建筑，既降低造价成本，也能发挥地方材料的优越性能。在充分利用材料性能的基础上，城子村先民创造了适应当地自然环境的建筑体系，也为自己创造了舒适的人居环境。

（二）土掌房的"三分"工艺

土掌房造型独特，经久耐用，几百年不倒，具有良好的防火性能，被誉为冬暖夏凉的天然空调，充分利用地形地貌，退台式处理空间，堪称今各大房地产商热捧的"退台式洋房"鼻祖。[1] 宋代著名建筑学书籍《木经》中说："自梁以上为上分，地以下为中分，阶为下分"。这里的上分、中分、下分对应建筑的屋顶、

---

[1] 李程春. 滇南彝族人家的"退台阳房"——土掌房今昔[J]. 民族艺术研究，2007（5）.

屋身、台基三部分，本章从土掌房的"三分"论析其建筑工艺。

1. 土掌房的台基

　　说到土掌房的台基，必须介绍泸西石匠，因为它是泸西对外宣传的一张名片，是泸西石作文化的创造者、传承者。在泸西县城民族文化广场的"百虎大街"旁塑有反映泸西文化的四组雕塑①，其中一组就是"泸西石匠"。雕塑反映了石匠正在做石活的场景，有錾石头者，有抬石头者，无声胜有声。（图3-2-7）金马职业中学的张学亮老师专门撰写了《泸西石匠》一文。其描写形象生动，片段如下：

图3-2-7　泸西石匠雕像

（图片来源：作者自摄）

　　"赤露古铜色胸膛，挥舞磨蹭得锃亮的手锤。划过绮丽的光芒弧线，似拂过琴键的巧指。凭玲珑晶莹的凿头，依稀奏响铮铮天籁之音。蓦然，汗渍渍手下，石屑欢跃，一幅幅石的杰作亮澄澄浮现。啧啧惊叹声里，印证的何止是艳羡，是心的把玩，是汗的浇融，是魂的铸就。啊，泸西石匠，石的骄子，石之精灵，浸润着石的硬朗与厚重。凭了石般的坚毅，屡屡创下鬼斧神工之口碑佳话。顶立巍然的脊梁，横披斑驳的汗衫。农闲时分走南闯北，用敦实的身板撑起家的希望，用才智和勤勉构筑了声望与品牌。硕大逶迤的手掌即刻恍若苏醒开来，纯美地绽放，获得了新生。云岭大地，大江南北，甚而国门之外，泸西石匠能赋予顽石以精妙，博得喝彩，赢得尊重，就在撒手甩汗的刹那。石子陡然清丽、鲜亮，泸西

———————————

① 分别是清朝时期的铸钱史、刀切烟、泸西石匠、羊汤锅四组。

石匠挥汗续写着石的神话。啊，泸西石匠，我们的父兄，我们的醉……"

在泸西县，几乎每村每寨都有技艺精湛的石匠。在20世纪90年代前泸西一带乡村起房盖屋，台基都是用石头营建。走檐石、踏跺、石门墩一般都用中劈或细劈石支砌，并雕龙刻凤。在农村一些生活用具都是用石头做的，如水缸、水槽、猪食盆，岩枢、花盆等。一方水土养一方人，大自然蕴育了神奇秀丽的阿庐大地，阿庐大地养育了一代又一代技艺精湛的石匠。千百年来，泸西石匠并鲜为外人所知，然而在云南的许多地方，都能发现泸西石匠的足迹，特别是在金马、三河、旧城、白水等乡镇，每个村子都有数支石匠队伍。在省外很多国防公路、高速公路、地方公路的路沿、挡墙、隧道都有泸西石匠的印迹。

城子村土掌房因其原始的唯美品格而声名远播，其中如将军第、张冲故居、苏家大院等重要建筑还保留精湛的石工艺遗产，是泸西石匠智慧的结晶。通过对城子村石作技艺的分析，以窥探泸西石匠的面貌。在此围绕着土掌房台基的石脚、走檐案子、踏跺、须弥座、石门枕、石雕柱础等构建展开阐述。

土掌房大多建在多山地带，喀斯特山区石材众多，在村寨边的山坡上随手撬来的石头就可使用。城子村彝族土掌房的基座用料取材于当地，富裕之家采用精凿条石砌筑，普通农户则用毛石。城子村为南亚热带气候，降水丰富，夏季蒸发旺盛，地气很重，加之土掌房建筑密集，排水困难，因此对地基的防潮功能要求很高。在建房时先平整地基，然后支砌石脚，构成台基的框架，砌毕，往里填充土。这样的台基不仅坚实，而且能有效阻止地下水的毛细蒸发作用，防止水气对土墙及其木柱的腐蚀，有效地保证了土墙及柱的使用寿命。在多山地区，暴雨时节，容易诱发泥石流、山体垮塌等自然灾害。城子村落坐落的飞凤山虽然山势不大，但坡度却不小。地基是否牢固，关乎整个房子，乃至整个村落的安危。所以在房子前方的挡墙用料巨大，所筑墙体高大结实，能有效克服土掌房向下滑的自重力，保证土掌房稳稳当当地坐落于山腰。地基平整好后，就是支砌石脚，受地势的限制，石脚高出地面多少视具体情况而定。所有柱子全部落在稳固的石脚上，木构架与石脚构成一个有机整体，能有效地抵抗地质活动带来的破坏。

台基除了防潮湿、固基础外还有独特的美学价值，是表现土掌房建筑艺术的重要手段。从"张冲故居""将军第""昂土司遗址"就能很明显地感觉到地基的形式美。它为土掌房的立面提供了美观大方且稳重的基座。虽然房子建在山坡上，却能让人获得强烈的稳定感。石筑的基座与整个土掌房的土墙身、土屋顶相比，在材质色彩方面形成鲜明的对比。石基础有白色、黄色，加上其上的沟缝，石材本身的纹理，与土屋身、土墙顶对比，在蓝天白云的衬托下，形成了非常强烈的色彩构图，给人于美的享受。

城子村的土掌房基座组成跟泸西其他地区的基座类似，主要有三部分，一是构成正房三间的石脚，相当于汉式建筑中的台明；二是位于台明前构成"厦子"的石脚，当地俗称"走檐石"；三是正对堂屋与走檐石前面的踏跺。

正房的石脚是土掌房基座的主要组成部分，在宅基地充分的情况下，一般面阔三间，进深两间，构成横长方形，长约十二米，进深约八米，堂屋略宽于左右次间。当然地形限制，其面积、间数也相应地灵活调整。石脚全部用石材砌筑，当地根据做工的精细程度，分为"毛石脚"和"滑石脚"。所谓"毛石脚"，就是用未经打磨的石头直接干砌，现在多配合水泥砂浆支砌。在泸西农村大多数40岁以上的男丁都会支砌毛石。所以经济能力有限的家庭，一般就自己砌筑，自然显得粗糙。所谓"滑石脚"则做工精细，通常请专门的石匠用"中霹"和"细霹"的方法将不规则的石头四面凿平，打凿成标准的方形石块。父亲告诉我凿石最难的就是"找平"，"找平"这个技能行业称之为"抬马合石"。（图3-2-8）打磨成方体后就可以支砌，支砌要求非常高，要达到"三看一线"。城子村多数土掌房既

图3-2-8 石匠基本技能：找平（抬马合石）

（图片来源：作者自摄）

有"毛石脚"，也有"滑石脚"。村民们是务实的，在后檐墙基，及部分隐蔽的山墙墙基砌筑毛石脚，而在前檐、庭院内及外露的地方都采用精细工艺。对于这一类石头，村民统称"面子石"。讲究的人家还要在上面挑"皮条缝"，即在石缝之间用水泥或黄沙挑出一条条突出的线条。皮条缝为青色或黄色，与白色的石头形成鲜明的对比。

厦子（厦廊）处于室内空间与室外空间的过渡地带，也是连接石阶与堂屋的中介，在这里重中之重就是走檐案板石，不管家庭经济状况如何，主人对走檐案板石非常重视，一定要请石匠精凿精砌，但多数是平素的（图3-2-9），有条件的人家还要在案子石的立面雕花刻草（图3-2-10）。走檐石根据地势的高低，而呈现不同的高度。高的可能要砌三层石，矮一点的可能一层就可以了。支砌走檐石必须从正中开始砌，然后朝左右方向推进。因为当地人非常忌讳在屋子的正中有一条缝，当地俗称"破缝"，意味着破财。这样的砌筑顺序就能避免这一情况的出现。

图3-2-9　无花纹的走檐案板石

（图片来源：作者自摄）

图3-2-10　有雕饰的走檐案板石

（图片来源：作者自摄）

在泸西一带所有的台阶都统称"礓磜"，而礓磜在古代是为了方便皇帝乘坐的辇车升降而设的。城子村由于地势的缘故，台阶特别多，几乎每家都有，而且大门设台阶，正门设台阶，厢房设台阶。城子村石阶主要有垂带踏跺、如意踏跺，造型各异，其中垂带踏跺最多，普遍的是一重台阶，有2～13级不等，但也有罕见的两重（头）、三重（头）台阶，如九级双头垂带踏跺、九级三头垂带踏跺（图3-2-11）。

如意踏跺大部分是在室外，有的是私人的，但多数是村里公共的，供村民通行，一般在室外存在高差的地方都有设置，做法简单，几乎没有雕饰，用几块长方体条石垒砌，并用砂浆粘合即可。在一些庭院内的厢房也采用此形式，一般

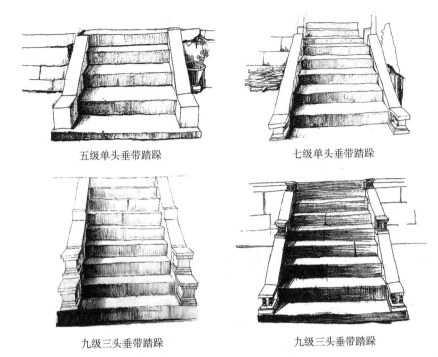

五级单头垂带踏跺   七级单头垂带踏跺

九级三头垂带踏跺   九级三头垂带踏跺

图3-2-11 垂带踏跺的多元形态

（图片来源：莫泰云绘）

根据地势设一到两个台阶。后来新建的民居很多都省去了垂带，直接用水泥浇筑成台阶。在村里正对堂屋的踏跺最多，做工精细，大部分为一重台阶连接庭院与厦廊，也有两三重台阶。例如张冲故居就是两重台阶。张冲故居庭院比较小，但庭院与正房的高差达到1.5米，如果按照人体工程学来设计台阶，可能这个台阶就要占据了庭院的大部分空间，使得庭院有拥挤之感。它采取的办法是将垂带分成两组，而垂带中间的台阶没有分割。这样通过对垂带的分割，相同大小的台阶在感觉上不是那么的突兀，笨重的石头似乎变得纤细多了。台阶的所有构件都经过精细打磨，用的都是"细霖"手法。中间的石阶一阶扣住一阶，严丝无缝，经过经年累月的踩踏，石阶表面已磨得锃亮。两边的垂带石磨损较少，精凿的痕迹仍然明晰可见，并且在四组垂带石的头部两侧及前面都有雕刻图案，但图案已不清晰。

2. 土掌房的屋身

土掌房由原始建筑发展而来历经千年，除了民族审美心理积淀的因素外，也由于它灵活的调节机制，能够适应不同地区自然条件。土掌房是穿斗式结构承重，与维护结构分离。穿斗式结构具有"墙倒屋不塌"的特点，墙体可灵活分割，能够适应不同地区的气候需要，所以广泛分布。由于墙体不承重，墙体材料可以不拘一格，能够适应大部分地区就地取材的要求。穿斗式结构组合方便，既便于调整面阔进深，也便于构筑楼层；既可凹凸进退，也可高低错落，可以灵活地适应西南的坝子、山地等不同地形。[①]

通过调查发现城子村土掌房的承重结构有两种类型：一是墙体不承重的穿斗式结构；二是墙体与木结构共同承重。土掌房多采用穿斗式结构体系，墙体绝大部分不承重，只起维护和分割空间的作用。土掌房框架结构的荷重分别由土屋顶和楼板直接传递给落地柱。因此它的重力传递分别集中在若干根柱子上。穿斗式结构本身并不形成空间，而只是为空间提供一个骨架，这样就可以根据主人的喜好与实际情况自由灵活地分割空间（图3-2-12）。但可惜的是，城子村的土掌房多为中间堂屋，两边卧室，所以仍然给人感觉拥挤。承重结构与围护结构分工明确，这样外墙仅起保温隔热作用，内墙仅起分割空间、隔声、遮挡视线作用。

图3-2-12　土掌房内部结构

（图片来源：作者自摄）

对于那些空间比较狭小的，且是一层的，主要是牲畜棚、卫生间、仓库等附属建筑，一般都是墙体与木结构共同承重。这种结构体系在城子村不是主流。其

① 范雪峰.云南地方传统民居屋顶的体系构成及其特征[D].昆明：昆明理工大学，2005.

最大特点是：把承重结构和围护结构结合在一起，一身而二任。其做法为砌筑好石脚，后砌墙体，然后直接在墙体上方担圆木，为了减轻中间圆木梁的荷载力，一般在中间位置支一到两根木柱，最后再筑屋顶。

　　村里的山墙和后檐墙基本上是土墙。富裕人家的前檐墙（当地俗称"面墙"）及内隔墙一般是用木板构筑，普通人家仍然是土墙。土墙有泥土夯筑，也有用土坯砖（土基砖）砌筑。灵威寺的正房和将军第花厅的立面墙是木板构筑。在明间正门左右各有一架槛窗，槛窗上有横披，下有槛墙，全是木材制作。而左右次间的正中各设一架略小于明间的木格窗，其下仍是槛墙，左右则是用木板拼接而成的门格扇，窗下的槛墙为了与左右的门格栅保持一致也做成门格扇的造型（图3-2-13、图3-2-14）。在室内为了分割堂屋与卧室，堂屋两侧为木板墙。

图3-2-13 灵威寺的正房立面：木格栅门

（图片来源：作者自摄）

图3-2-14 将军第花厅立面：木格栅窗

（图片来源：作者自摄）

出于审美的考虑，在两柱子之间把木墙也做成门格扇的形式，但其上不做任何装饰性的纹饰，暴露出来的是木材本身的纹理。由于长年累月在室内生火，屋内积累了一层油烟。大大降低了审美效果。在部分建筑的二楼立面已经出现走廊。走廊栏杆多雕成花瓶造型（图3-2-15）。

图3-2-15 木檐廊

（图片来源：作者自摄）

在村中还有一部分是石墙配合土墙构成围护结构，最为典型的就是"姊妹墙"。将军第正房的右侧山墙，是一堵罕见的高大石墙。该墙是一堵整齐、平直的赖毛石，当地俗称"响马石"，全部是以毛石叠垒支砌而成，每个石头几乎为斜角支砌在长23米的斜坡上，下高6米，上高2米余，每个石头大二十至四十厘米不等，看不到一丝一毫的打磨堑凿的痕迹，更无一丝灰浆粘合的影子，斜口之间衔接十分紧密，石缝形成不规则的几何图形，在风雨的侵蚀下变得光洁美观。距今150年之久，依然十分稳固如初（图3-2-16）。墙上有关于姊妹墙的传说：

传说李德奎将军衣锦还乡，荣归故里，在飞凤山半坡选中一块地盖将军府。按照设计图，正房后墙正好在一斜坡上，但倾斜角度大，加之土层松软，所以一连几伙有名石匠看后，都摇头不已，不敢接下活计，他们一致认为这堵石墙高、斜、陡，非人力可为，因此十多天过去了，仍没人敢来应工。眼看动工的吉日一天天逼近，李将军心急如焚，只好听从管家的建议，许与重金，张榜招揽能工巧匠。张榜这天，来了两个姑娘，众目睽睽之下，揭下榜文，声言她们能接下这活计。众人一见，七嘴八舌，议论纷纷。姐姐约二十一二岁，银盆圆脸，宽肩劲腰，声音清脆响亮，笑靥如花；妹妹看上去二十不到，一双水灵灵的丹凤眼忽闪忽闪的，显得精明能干，两腮上一对浅浅的酒窝更添几分风韵，纤腰款款，楚楚动人。

图3-2-16 屋身的构成：石墙与土墙的结合

（图片来源：作者自摄）

谁都不相信姊妹俩是做石活的角色，谁知她们语出惊人，说："这堵石墙我俩三天完工。"大家就像听到公鸡下蛋、鸭子孵儿一样的塌天笑话，一时之间，嘲笑、讥讽、起哄骤然而起，都以为是大公鸡吃水——涮嘴。

李将军到底是走南闯北，见过世面的人，深知人不可貌相，海水不可斗量，既口出大言，必有惊人才能。于是上前对姊妹俩道："承蒙二位小姐看得起我李某人，时间不在乎，完工之日，我定不失前言，必重金相酬，只是……"妹妹打断李将军话语，接道："如三天不能完工，我姐妹俩一辈子到你家作婢为奴，绝不反悔！""言重了！言重了！"李将军连连摇手，众人依稀散去。

头天、二天很快过去，一不见姐妹俩开山采石，二不见破土挖坑，丁点儿动静都没有，大家都等着瞧笑话。谁知到了第三天，天刚蒙蒙亮，大家到工地一看，"天啊！"一堵齐整坚实、光洁平直的大石墙巍然矗立在眼前，人人张大嘴巴，吃惊得不得了。这时有人说："这简直不是人，是神！"李将军惊喜之余连忙派人寻找俩姊妹，谁知杳无踪影。一古稀老人连连感叹："我们城子（村）风水好，是仙女下凡来了。"

昔日曾有无名氏写诗一首以表其意：

"纵横交错石墙壁，百年根据将军第。鬼斧神工今朝见，猜测姐妹神仙女。"

在城子，像这样的"响马石"支砌的石墙有上百处之多。

庭院内部的面墙除了是围护结构外，也是重点装饰部位。城子村的土掌房历经上百年，且现在的屋主人也不是最初的屋主人①，房子得不到有效的维护与修缮是很正常的，现在只能看到雕饰、匾额。彩绘、敷色全然褪去，木头也被烟火熏得乌黑发亮，且都已残破不堪，但就从这些残破的雕饰仍然能想象当年的富丽堂皇。

城子村土掌房的空间以三开间、"一"字形平面为基本原型。根据需要营建堂屋、卧房、厨房、附属用房和檐廊等功能空间。由于经济能力有限，彝族一般情况下先建三间正房，然后根据经济能力再建厢房、倒座等。其中从进深方向的柱列分为三脚落地和四脚落地两种。四脚落地就是多了一根檐柱，多出一个厦廊（腰檐）。一般檐廊的一侧设置楼梯，楼梯直通二楼及厢房的屋顶（图3-2-17）。正房内设火塘，家人常聚在这里聊天、吃饭、待客、举行各种民俗仪式，现在已经消失了。正房一般为两层，厢房有曲尺型的一厢，合院式的两厢。厢房一般是陆陆续续建起来的。两厢通常只盖一层，极少两层。厢房使用灵活，既可关牲畜，也可作厨房还可作仓库，人口多时还可作卧室。

图3-2-17　形式多样的楼梯

（图片来源：作者自摄）

---

① 笔者通过调查得知，中华人民共和国成立后，城子村进行土地改革，政府就把地主和富户的房子分给了贫苦农民，所以现在李家大院住的是不同姓氏的几户人家。

　　建筑的装饰与室内陈设是建筑屋身的重要组成部分。总的来说，城子村的土掌房装饰繁简有别，普通民居的装饰，较为简单，更多的是反映建筑固有的结构逻辑。如大部分墙体是草拌泥抹，部分抹石灰，极少部分是瓷砖（随着风貌整治现在已经消失了），大部分人家的门楣上有齿形纹样。部分人家会在正门腰檐上放一只或一对石虎，并为其搭建一个简易的小房，以遮风雨。围墙上的装饰也比较简单，围墙高2米左右，村民喜欢在围墙上用花盆栽上自己喜欢的各式花草。大门的装饰大多较为简陋，早期的大门多为用土坯砌筑，板式木门。大户人家的装饰极尽奢华，最典型的是"将军第"。将军第大门为木质八角飞檐形，做工非凡，雕刻精细，结构缜密。门檐下皆雕梁画栋，极尽天工，雕刻均为镂空，精致之极令人折服。进到"将军第"庭院里，典型的"三间两耳一天井"，其面墙的装饰皆很华丽。梁椽柱头、窗门壁板、雕花刻草、雕龙刻凤，或牡丹腊梅、松竹虫鱼，或飞禽走兽，龙凤呈祥，无不精雕细刻，栩栩如生。

　　城子村的家具陈设只能简单地谈一下，传统的除了供桌、火塘、木凳、木柜等，其他的都已被现代化的家具所替代。随着经济的发展，村民的家具也发生了变化，有电视机、音响、洗衣机、冰箱、电话等。最有代表性的家具是供桌，每家都有，置于堂屋后墙，长度2～3米不等，高约1～1.4米不等，宽0.6米，桌分两层，均为对称式木材制作，形式多种多样，有精简之分，上层多为五个抽屉，小的也有三个抽屉，放各类小件物品，下层为2门，放食物及碗筷等。供桌上的彩绘均为传统民间画法，价值几百元乃至上千元不等（图3-2-18）。供桌上

图3-2-18　堂屋中的供桌

（图片来源：作者自摄）

有各式各样的摆设。最常见的是香炉、钟、电视机等，在供桌正上方的墙上一般会挂有牌位，正中写"天地君亲师"大字。

建筑的屋身部分是构成功能空间的关键。建筑的结构和形式是以建筑的功能（人居或神居）为依据的。土掌房是人为的且为人的，完全是一种有目的的结构，按照村民的需求及美的规律建造起来。从结构来看，一般土掌房分为单体式和组合式两种。组合式建筑分为内院式和无内院。从功能看，一座完整的土掌房可分为休息起居、餐饮、共公共活动、储藏、圈养牲畜等主要功能区。

单体建筑只有正房三间两层。明间为堂屋，堂屋内设有火塘，这是全家的公共活动区，在这里吃饭、聊天、接待客人等日常活动，两次间为卧室，二楼主要堆粮食、杂物，人口多的家庭，且无厢房的也有一些隔开作卧室。这样的家庭，非常拥挤，有的家庭不得不把其中一次间隔为牲畜棚，人畜共屋，卫生条件非常差。有的在正立面建有平顶、斜坡腰檐，构成厦廊（图3-2-19、图3-2-20）。此类型功能分区模糊，比如堂屋既是厨房也是会客厅，次间不仅是卧室还是仓库，甚至是牲畜圈，楼上也一样，既住人，也堆粮食及杂物。随着新村、新居的建设，这样的家庭逐渐减少了，慢慢地成为人们的回忆。

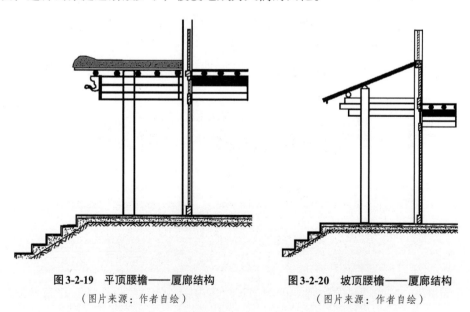

图3-2-19　平顶腰檐——厦廊结构　　　　图3-2-20　坡顶腰檐——厦廊结构
（图片来源：作者自绘）　　　　　　　　（图片来源：作者自绘）

组合式建筑又分为无内院和内院式建筑。所谓无内院式土掌房，"即各户无露天的内院或天井，亦无外部院落。户内仍有正房、耳房、院子之分，只是院子上也加盖了屋顶。门户直接开向街道，可一门关尽，家务活动全在其中，究其原因：一是气候炎热，可避阳光直射，获得较好的室内小气候；二是旧社会盗贼多，有天井不安全，房屋低矮，外墙虽无窗，但天井是较易入侵处；三是增加一些晒场面积。"① 除此之外，城子村还有一个重要原因就是土地稀缺，这种做法能最大化地获得室内空间。房屋分正房、厢房、晒台几个部分。正房前带厦廊或无廊，厦廊为多平顶。底层明间是堂屋，次间是卧室，另一边是厨房，楼层的楼面用料也是泥土夯实，或填土坯摸泥，用来存放粮食（图3-2-21）。厦廊一般是单层。厢房是一至两间，单层，根据家庭人口多寡，分别用作卧室或厨房或杂用。晒台即房顶，在正房楼层间有门或楼梯通往晒台。仅有正房无厢房的住宅，晾晒农作物时，于室外搭木梯上下。无内院土掌房的平面有方形、长方形、曲尺形等，其中方形平面是典型代表，近似"一颗印"，长方形、曲尺形是方形基础上的变形。这类无院落住宅，房屋进深大，采光通风受到一定影响，饲养家禽也在室内，卫生条件较差。

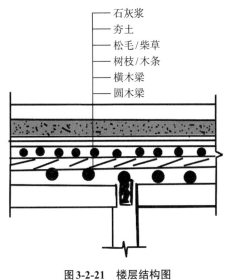

石灰浆
夯土
松毛/柴草
树枝/木条
横木梁
圆木梁

图3-2-21 楼层结构图
（图片来源：作者自绘）

内院式建筑围绕着天井布置各功能建筑，就是所谓的"三间两耳（厢）下八尺一天井"。在城子村的中营，小营普有较多内院式土掌房。正房、厢房和倒座围成较大的四合院，家务活动或生活必需品全在其中。正房面阔三间两层，带厦廊，厢房1～2层，大梁挑出，支撑一垂花柱构成一个比较窄的腰厦。屋顶为晒

① 杨大禹，朱良文，云南民居[M]北京：中国建筑工业出版社，2009：35.

台，有内院的土掌房其平面形式多为"口"字形，厨房贴于正房次间的前面。在左右次间厦廊处设跑梯与厢房及二楼相连。而厢房与屋顶设灵活的木梯相连。这种内院式建筑活动空间大，且与自然连为一体，正房一楼是家人日常生活和休息的主要空间，二楼主要是堆放粮食和一些杂物，厢房一边用作厨房一边用作畜厩，人口多的人家也有部分用作卧室，倒座可能是厕所，可能是畜厩，也可能是杂物间。

牲畜主要是关在厢房或倒座，单体式建筑则关在次间。所以不管是单体还是组合式建筑都是人畜混居，可能很多人会觉得不卫生。但对于山地农耕民族而言，耕牛是家里的重要成员，它能承担农耕中的核心任务。因此彝族十分疼爱耕牛，与人混住时屋内的烟火还能熏走蚊虫，同时避免耕牛被盗。随着社会的进步，人们逐渐地意识到人畜混住的弊端以及机械的替代优势，人畜混居的状况逐渐减少。

3. 土掌房的屋顶

新云南十八怪之一——"泥土当瓦盖"，说的就是土掌房的平屋顶。由于材质和技术的原因，土屋顶呈现出独特的质感和色彩，与周围环境交相辉映。

平顶土掌房的营建分为两类，一类是穿斗式结构承重的房屋，一类是墙体承重的房屋。前者树立好的穿斗式结构顶面的各个构建处于同一个水平线上。为了增强结构的稳定性，这时需要砌筑好四周墙体，高度达到大梁下端，两山墙和后墙的梁柱嵌入墙体。完成以上工序，可以在大梁上面按间距30～50厘米搭放横梁，在20世纪80年代以前横梁简单粗糙，直接搭圆木，之后，随着机械解板技术的成熟，普遍将圆木加工成长方形，当地俗称"方三四"。以前圆木上直接铺木棍、柴块、葵花杆等小木料。而在它们之间的缝隙处用松毛、稻草、树枝、竹枝等填塞充实，再在上面铺上一层稀泥，最后在上面再铺放若干次黏土，用木榔头或木板捶打结实后，形成平台状的土屋顶，再用锄刀将屋顶切割为方格网状，目的是防止开裂。通过对村老访谈得知传统土掌房是没有土锅边的，但为稳固屋面在屋顶边远压一圈石头，这可以看作土锅边的雏形。土锅变的最终形成受汉式建筑"女儿墙"影响，但石块也演变为石板了。现在城子村所能看到的土锅边是用水泥筑成弧状，在外侧石板连接处有间隙，则用筒瓦或板瓦覆盖，目的是防止水顺着缝隙侵蚀下面的构造。土锅边的除了用于防止粮食掉下的功能外，也具有屋顶收边的美学功能，看上去光滑整洁（图3-2-22、图3-2-23）。墙承重结构主要出现在小尺度的附属建筑，无须木结构，墙体砌筑完，直接在屋顶达放圆

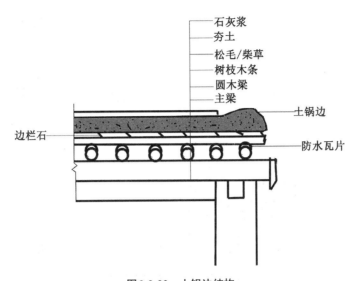

图3-2-22 土锅边结构

（图片来源：作者自绘）

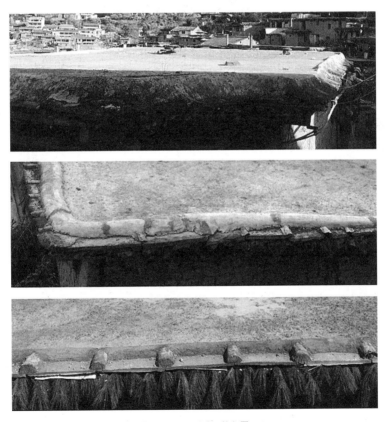

图3-2-23 土锅边实景

（图片来源：作者自摄）

木或"方三四"，其余工序与穿斗式结构一致。这样彝族土掌房就建盖完了。很多土掌房是两层的，以前楼层的结构跟屋顶类似，也是土筑的只是屋顶加了土锅边（图3-2-24）。到20世纪80年代以后，楼层结构不断精简，直接铺木板，既降低了自重，也提高了卫生条件。可见土掌房屋顶的步骤为：正房顶梁上搭圆木（"方三四"）→再依次铺柴块、木棍、木板→缝隙处铺蕨类或松毛→铺一层由纯净泥土合成的泥巴→铺一层纯净干黏土→捶压平整→土锅边，即成。

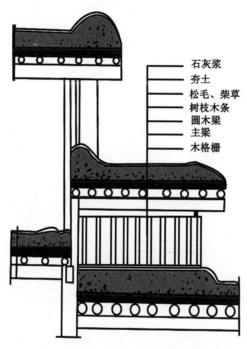

石灰浆
夯土
松毛、柴草
树枝木条
圆木梁
主梁
木格栅

图3-2-24　土掌房的屋顶建造结构

（图片来源：作者自绘）

院子中间有采光的天井。完整型的土掌房为三间两耳（厢）下八尺。一般一层的厢房、天井和八尺为处于同一水平面上，正房则依地势增高一层，一般正房一层略高于厢房屋顶20～100厘米不等，在厢房与正房交接处可设一个台阶，因此可直接开门到厢房的房顶。在山区，平地稀少，十分宝贵，大多数屋顶连接成一片，形成大面积的平地。随着瓦的引入，为了便于排水，保护墙体，在屋顶的边沿加一披檐。在改革开放后，部分村民逐渐富裕，开始建盖双坡屋顶的大瓦房，也有的结合土掌房，建盖瓦檐土掌房。使得屋顶形式丰富多样。通过调研发现，双坡屋顶以穿斗式结构为主，也出现了一些特殊结构，如带抬梁、人字架的做法（图3-2-25）。

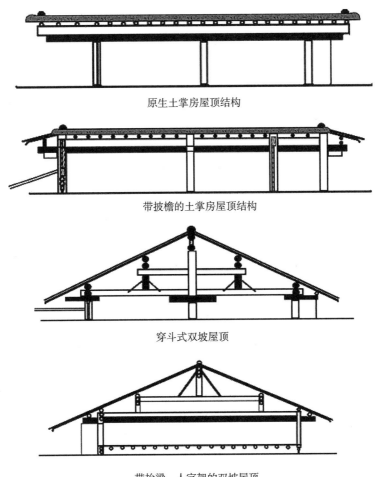

原生土掌房屋顶结构

带披檐的土掌房屋顶结构

穿斗式双坡屋顶

带抬梁、人字架的双坡屋顶

图3-2-25 城子村屋顶结构类型

（图片来源：作者根据《云南土掌房民居的砌与筑研究》改绘）

土掌房屋顶的利用率是很高的。整个村子的屋顶层层叠叠，上下相通，左右相连，远远看去像一层层的台地。这集中连片的屋顶为村民提供了晾晒农作物的晒场，也给大人们提供了谈天说地，情感交流的空间，给村寨中的小型仪式提供了举办场所，因此建筑密度很高，仅留窄窄的街道供人畜通行。也因为土掌房屋顶能提供足够多的活动交流空间，小院落公共性减弱。这是彝族在有限的空间条件下的适应性创造。在无力应对自然灾害袭击、盗贼抢劫、社会秩序混乱的旧社会里，这样的村寨格局及庭院式建筑空间，具有明显的内向防御性功能——"昼防流寇，夜防盗贼"，体现了土掌房自然适应性和社会适应性的统一。

第四章

土掌房的文化厚重性

　　《礼记·王制》曰："高山大川异制，民生其间异俗。"讲的是不同地理环境对文化形成的制约作用。生态人类学认为，不同的生态环境孕育不同的文化轨迹，正是各异的生态系统，使人类文化丰富多彩。人总是在特定的地域空间展开他们的实践活动，首选须承认人不可能离开特定的自然条件，自然环境是人类创造文化环境的一个中介，为人类提供所需的物质基础，通过这一中介，各民族形成自己的风俗习惯和性格特征，通过这一中介赋予人类文化以某种色彩。随着人类文明程度的不断提高，地理条件和其他自然界的因素一样，在日益频繁的文化交流中不断淡化。建筑领域也一样，随着人类对大自然认识的加深，自然因素逐渐淡化，文化因素逐渐上升。城子村悠久的历史、独特的环境孕育了深厚的文化内涵，土掌房除了其自身美轮美奂的造型外，还见证了彝汉融合的变迁轨迹，体现着人神共居的聚居环境，蕴含着深厚的民族价值观念。

一、彝汉融合的见证

　　彝族是历史上不同族群相互融合而成的民族共同体。民族共同体的形成过程中，文化交流与融合是必然的，这些交流与融合的印迹自然也体现在人居环境的建筑中。泸西保留的土掌房，经历了彝汉建筑文化融合的过程，成为了彝汉文化融合的见证。

　　早在战国时期，楚国大将庄蹻入滇，楚国的巫文化也随之传入，对滇池附近各部族产生很大影响，以后彝族与中原文化便建立了联系。在明以前彝族非常强大，汉文化传入彝区，只能"变其服，从其俗"。但彝族却不保守自大，以积极虔诚的态度向汉民族学习，不断地完善自己的文化体系。《云南志·楚雄府》卷五说："罗舞蛮，近年亦有富者，纳粟为义馆及作生员者，共俗渐同汉贾。"同时汉族也积极吸收彝族文化。《武定府志》记载汉族习俗"与各省稍异者，元旦采松叶铺地，敬客亦然；立夏之日起灰围屋，谓蛇不敢入；六月二十四日夜，束薪为燎燃之，以腥为牲，互相馈赠，谓之火把节。"

然而，明中期以后土司制度已严重阻碍经济社会的发展。为了统一政令，有效地控制边疆地区，维护国家的大一统，中央王朝有计划有步骤对土司统治区进行改土归流，大量的流官和汉人进驻。于是西南各民族迎来了历史上最广泛、最深入、最彻底的文化大融合时期。彝族建筑在保持本民族"原始底层"的基础上，在建筑造型、平面布局及装饰风格上都受到汉式建筑的影响。

（一）阿庐文化——民族融合的结晶

泸西在西汉就已纳入中央版图，多民族杂居相处，形成今天境内汉、彝、回、傣、壮、苗共居格局。各民族在长期的发展过程中，不断交流融合，形成了以彝汉为主，兼济其他民族的阿庐文化。根据史书记载，彝族源自西北甘青高原的氐羌族群。由于气候变冷、战争等原因其中一支向西南各地迁徙，滇东南的泸西就成为彝族先民的聚居区之一。

1.彝汉共居的格局

走访泸西的村寨我们会发现，许多村寨名称都不符合汉语的习惯，如阿路发、阿路采、阿路瓦、阿鲁、阿梭白、阿者、阿娥、阿九黑、雨杂、雨洒、阿楼等，其中发"luo"和"lu"的较多，而"luo"和"lu"是彝族发音，彝族以前自称为"罗罗"，所以有"luo"和"lu"发音的村寨可以推断为彝族聚居的地方。显然彝族先民很早就在这里开疆拓土、繁衍生息。

据《泸西县志》载西汉元鼎六年（公元前111年），将泸西纳入中央版图，设漏江县，所统辖的"土著人"就是今天的"彝族"先民。在东汉魏晋时期，这些彝族先民被统称作"夷"，也就是史书上所说的西南夷，可见在当时"夷"在西南地区已经是一个庞大的族群。南北朝至唐初称为"爨"，主要分布在滇东北的曲靖市至滇南的建水县一带。

至唐南诏、宋大理时期，爨氏部落内部发生分化，其中一部分西迁，史书称之为西爨白蛮，也就是今天大理一带的白族先民。留在原地的称为东爨乌蛮，东爨乌蛮逐渐发展壮大，在南诏国时期盘踞着七个强大的乌蛮部落，史称"乌蛮七部"，其中七部之一的"庐鹿部"（彝语"庐鹿"与"罗罗"谐音）活动于今泸西、弥勒、师宗一带。到大理国时期已是三十七蛮部，势力范围扩展到三江以外的地区。之前的"庐鹿部"析为"弥勒部"或"阿庐部"。公元971年，三十七蛮部

"石城会盟"① 时，共同组成一个松散的联合体，这个联合体统摄于一个共同的旗帜，就是"罗罗"，所以今天许多彝族都自称"罗罗族"。但在今天"罗罗"已经演化为对彝族的蔑称。而从根源上"罗罗"是尊称，是虎族的意思。"罗罗"的称呼与南诏国时期的"庐鹿"、大理国时期的"弥勒""阿庐"发音是相似的。可见在明朝中期以前泸西的政治是彝族的政治，当时的广西府共有十四家土官，其中十三家是彝族首领担任，这个时代也成为"土官时代"。到了明成化十七年明王朝对广西府昂贵土司发动战争，后派流官贺勋上任，标志着泸西"土官时代"结束，预示着彝汉文化大融合时代的到来。

"改土归流"后明朝在广西府到昆明、兴义府、弥勒州沿途设立哨所并修建驿道，纳入湘滇黔驿道体系，成为"苗疆走廊"的一部分。驿道的修通为汉文化在泸西的迅速传播提供了条件，至明朝中后期，泸西平坝地区的汉化程度已经接近于汉族聚居区。万历年（1620年）间谢肇制在《滇略》描述了种情况："衣冠礼法，言语习尚、大率类建业（南京）。二百年来，熏陶渐染，彬彬文献，与中州埒（相同）矣！……""人文日渐兴，其他夷、夏杂处，然亦蒸蒸化洽，淳朴易治，庶几所谓一变至道者矣。"

改土归流后，内地汉族大量进驻泸西，在争夺生存空间过程中，彝族处于劣势，很多被迫迁到山区，坝区人口逐渐减少。之后回、傣、苗、壮迁入，构成了多民族聚居格局。多民族文化相互交融渗透，形成了别具特色的"阿庐文化"。虽然彝族在政治上失势，但是强大的文化惯性仍然存在。彝族特有的如火把节、吃汤锅、摔跤、斗牛、三弦舞等传统习俗、生活习惯都被泸西各民族全部或部分承袭下来。泸西的汉文化发生了许多嬗变，有的消失，有的顽强保留。同时也吸收了许多以"爨蛮"文化为主的多元少数民族文化。从历史的维度看，各民族之间，融合是主流，冲突是次流，各民族共同缔造了"阿庐文化"。

在封建社会，大汉主义盛行，统治者实行民族压迫政策，民族矛盾激化。改土归流后，人少力寡的彝族面对强大的汉族群体，被迫迁徙到生存环境恶劣的山区。这也是今天在泸西坝子的许多村寨虽然保留着彝族名称和彝族建筑样式，但居住主体却是汉族和部分少数民族的历史原因。

在聚居地的选择上各民族根据自己的历史传统、生活习性、审美需求及政治地位选择相应的生活区。如氐羌民族多选择山区和半山区，百越民族多近水而

---

① 张光邦，梁晓强.石城会盟碑考释[J].云南史志，2002（1）：22-28.

居，汉族和回族多选择坝子和城区。然而在泸西各民族的聚居格局却打破了这样的规律。聚居地的选择由军事实力和政治地位决定。汉族和回族主要生活在土地肥沃、交通便利的平坝区，其他少数民族主要住在山区，生存环境相对恶劣。究其原因，最初大规模进入境内的是由汉族和回族组成的军队，这些军队便选择交通便利的坝区屯守，逐渐演变为村落，而原来生活于坝子的彝族则被赶进深山。之后陆续迁入的其他少数民族也根据自己的情况寻找相对适合自己的聚居区。以上原因促成了今天泸西以彝汉共居为主的多民族聚居格局。

2.彝汉文化的博弈

中国少数民族人口少，历来受强势的汉文化影响，然而在泸西历史上却是彝文化把汉文化内化于其文化体系之中。即使到今天给"阿庐文化"一个界定，也是以彝汉文化为主，兼其他少数民族为辅。这是边疆地域文化变迁中经常出现的现象，因此对边疆民族文化研究就具有较高的学术价值。

按照"文化相论"的观点，任何一个民族的文化都有自己的价值，都有其存在的意义，因此不同的文化体系是相对而存在，当不同的文化体系发生交流和变迁时，彼此之间是对等的，相互的。不是谁把谁征服了，而是为了共同的生存与发展进行友善的且是有价值的融合，这一点泸西的彝汉民族融合是值得肯定的。据史书记载，自西汉设置漏江县以来，泸西就开始受到汉文化的影响，但直到改土归流后，汉文化才真正与彝族文化发生深度碰撞、融合并与其他苗、壮、回、傣结合，形成了今天独具特色的"阿庐文化"。

从整个中国的宏观视野来看，汉文化在华夏族形成之日起，就奠定了它作为中国大地上主流文化的地位，并持续地影响到其他各民族的演变进程，历史上的许多少数民族被同化到华夏民族中就是有力的佐证。然而从微观视野或者说在特定的时空下汉文化未必是主流文化，比如在改土归流之前的阿庐大地彝文化才是主流。其他任何民族迁入此地，都要"从其俗，变其服"。战国时期的庄蹻入滇，虽然带来了先进的中原文化，促进了当地的发展，但主要是物质技术层面，如生产方式、工具、种子等方面的影响，至于精神观念并没有触动到彝文化的根。随着元代在今泸西设广西路，明代设广西府，清代设广西直隶州，王权对泸西的控制不断加强。在泸西土著文化中，汉文化逐渐渗透，但神奇的是在彝汉文化博弈过程中汉文化没有成为主导文化，而是出现"平局"，彝汉文化和谐的共生共存。虽然城子村中现在住的多数是汉族，但建筑却是彝族特有的土掌房。

彝汉文化习俗的融汇现象使得今天的阿庐文化是一种混融文化，这对于彝族建筑影响很大。城子村的土掌房是彝汉文化融合的结果，而且这种融合是那么的天衣无缝，看不出生硬的痕迹。姑且不论彝汉文化碰撞时引起的彝族心理震荡和文化冲突所带来的不适，但从文化融合的结果来看遵循了文化的平等性原则，秉承了文化相对主义的精神，表现了彝文化强大的生命力与调适能力。因此阿庐文化是幸运的，不像历史上许多少数民族被其他族征服后，精神上失去了自我，甚至被同化，消失于历史长河中。

（二）珠联璧合的彝汉建筑

彝族创造的土掌房自成一体，经过上千年的历史积淀，形成了与汉族迥异的建筑风格，表现了彝族独特的审美追求和文化理想，其建筑文化主要表现为以下几点：以族群的生存为根本、发达的诗性思维、保守与尚武的矛盾心理、整一合一的审美理想。

1.彝汉建筑文化

城子村土掌房是明以来彝汉文化融合的结晶。在土司时代土司阶层积极学习汉文化，且出现了按照内地城池规划理念，营建出了名震滇南的"永安府"。在明朝成化年间朝廷对广西土府"改土归流"后，在政府的安置下大量的汉民进入城子村，形成彝汉共居格局。

通过调研可知，城子村至今仍然保留着浓厚的彝族风俗习惯，然而从民族构成看，城子村以汉族为主，兼部分彝族、苗族和壮族。但为什么彝族文化在这里如此浓厚呢？我带着疑问咨询了村老。归纳起来有三种说法：第一，在改土归流之前这里全部是彝族先民。昂贵土司与中央王朝的战争结果是昂贵土司兵败，一部分彝族战死，一部分远逃他乡，剩下一部分没有逃跑，当时明朝廷并未将其杀害，但要求改为汉姓。从此他们的政治身份就是汉族，但是他们流淌的仍然是彝族的血，承载的仍然是彝文化。从他们的节日庆典、风俗习惯、土掌房、饮食文化等都能很明显地感觉到这一点；第二，改土归流后，中原王朝在此地实行军屯戍边政策，设立军事哨所以及传递信息的驿站，更名为"城子哨"。大量的汉族进驻城子村，与留下来的彝族杂居生活，经过近六百年的彝汉文化融合，城子村形成了独特的彝汉交融文化。今天在村里你仍然能听到北方人所特有的搓口音和卷舌音；第三，"改土归流"前城子村一带遍居彝族，土掌房是他们特有的住屋类型，汉族到来后凭借强权挤占彝族的生存空间，导致彝族人口锐减。

城子村最早是彝族先民白勺部的聚居区，彝族平顶土掌房与西北甘青高原的

"庄廓"、川藏氐羌的藏羌民族的"邛笼"建筑有"同源异流"的关系。土掌房是彝族先民在大迁徙过程中最大化保留祖先建筑文化基因的一类住屋。所以在"土民"时代，泸西就普遍存在土掌房的雏形。笔者走访调查过泸西许多村寨，在一些老宅都能找到土掌房的影子，而且以前土掌房在泸西是常见的建筑类型。只是城镇快速发展，在短短四十年间，几乎被拆完殆尽。幸好城子村封闭的大山把这一份宝贵遗产"藏"了下来。回顾历史，昂土司迁居城子村建"永安城"是彝汉文化融合的开启，后来明廷"改土归流"成功，大批汉人进驻，彝汉文化融合成为历史的必然，土掌房演变为珠联璧合的彝汉风格也是历史的必然结果。

　　城子村土掌房的彝汉风格是建筑美学价值的重要体现。城子村现存历史最长的房屋是小龙树二十四家人，为早期彝族土掌房。后随着人口的增加，村落向中营、小营方向发展，后来许多人都到外面建新房。后发展的建筑逐渐具有了汉式建筑的特征，如腰檐、曲尺形、庭院、门楼、坡顶、斜撑等汉式建筑元素的出现（图4-1-1、图4-1-2），其中门楼形制繁简不一，形态多样，有高墙门、低墙门、瓦檐门楼、台门等，充分彰显了彝汉融合的风格（图4-1-3）。"将军第"最具代表性。"将军第"为平顶土掌房，坐西朝东，门楣高大，门面呈八字形展开，飞檐翘角，结构缜密。木构架的门楼，八角飞檐，气势非凡，梁枋柱头，精雕细刻，做工精良，结构严谨。整个门楼威严之中不失松弛，缜密之中尤有舒缓。平面为典型的北方合院形制，称"三间两耳（厢）下八尺一天井"。柱础、柱头、门楣、窗子等部位上雕刻飞禽走兽、龙凤麒麟、牡丹腊梅、松竹虫鱼等，栩栩如生，极尽天工。台基的走檐案板石，垂带踏跺也都精细打磨，古朴中不失细腻。正宅对面有花厅，花厅建筑格调与正房相比显得活泼开朗，给人的感觉是花鸟争妍如春

图4-1-1　庭院
（图片来源：作者自摄）

图4-1-2　檐下花坊
（图片来源：作者自摄）

图4-1-3 多样的彝汉风格门楼

（图片来源：莫泰云绘）

风和煦，龙凤张彩似秋阳娇艳，动静相依，疏密有致。"将军第"体现了彝族土掌房粗犷朴实的特点，又融入了汉族建筑装饰细腻的特征，可谓珠联璧合的彝汉建筑艺术（图4-1-4）。像这样风格的建筑，在村里占大多数。由此可以将彝汉风格概括为：观外形是传统彝族的土掌房，以土木为主要材料，土墙、土顶厚实，而平面布局、层构、装饰技法及装饰题材吸收了大量的汉式建筑因子。

图4-1-4 "将军第"门楼全景图

（图片来源：杨俊.古村神韵[M].北京：中国文化出版社，2013.）

"改土归流"前是汉文化融入彝文化体系中，之后彝汉力量发生激烈嬗变。中央王朝想通过军事打击，实现全面控制，虽然在政治、军事领域取得胜利，但文化上却妥协了。文化的调适是内在的，虽受到一定外在因素影响，但调适的过程是以客观的生活环境为基础的，脱离这个基础必将不断碰壁。土掌房是适应特定历史、地理、气候、文化的产物。汉文化要想在彝区生存也必须向本土文化学习，只有彼此吸收，取长补短才能实现共同进步。

城子村的外来建筑文化主要是通过战争、屯兵戍边、改土归流等方式流入。汉民族带来了中原建筑文化，但彝族文化表现出很强的同化力，不论标榜汉文化如何先进，在这里汉文化也只能包在彝文化的"壳"里。从侧面也反映了彝文化的强大生命力。汉式技术、合院式布局、装饰对土掌房而言只是让其更加完善，更加精美。自始至终，哪怕是今天的"彝家新居"，土掌房的"根"始终未变。这个"根"就是适合生存与发展的恒久理念。

2.物质层面的彝汉融合

土掌房是彝族先民传承氐羌族群基因的前提下为适应地域环境而衍化出来的一种建筑类型。从城子村小龙树二十四家人的住屋，可看出早期土掌房十分简陋、工艺粗糙、功能分区不明显、空间狭小，防风、防震、防雨性能较差。但自从汉族的迁入，汉式建筑及其技术也随之传入，对彝族土掌房改进和发展产生深远影响。彝族工匠为了提升土掌房的舒适度，不断向汉人学习先进的建筑技术。

从楚雄元谋大墩子遗址可知彝族原始土掌房是以土和木为主要材料。在长方形平地插若干木头，再在木柱之间夯筑墙体，在墙体上担木梁，其上抹泥，工艺简单，既无石基，也无盖瓦，甚至连粘合缝隙的砂浆也没有，其木料较细，加工粗糙。但自汉式建筑技术传入后，彝族工匠渐渐认识到了汉式建筑材料的优越性能，并将之吸收到自己的建筑体系中来，为己服务。第一是对石头的运用。一是用来建石基、石墙、石阶梯及各种石雕，二是用石头烧制石灰，会运用粘性极强的黄沙配合石灰及细沙子调和成能粘合缝隙的砂浆；第二是掌握了多种加工土的工艺。除了夯土技术外，学会了用模子制作土坯砖，并懂得了草根盘结土壤能使之结实牢固的原理，学会了加工土基。在夯筑土墙时，学会了在其中放置竹片、木片、稻草，以作"墙筋"，使墙体更加的牢固；第三是提高对木材的加工技术，学会了使用柱子立于室内支撑屋顶，学会了不同部位使用不同的木材，例如在楼层之间使用穿枋、大梁，在墙顶使用木卧梁等。在内隔墙上已经有用木板分割；第四是对瓦的使用，虽然城子村双坡瓦面不多，但已经出现在门楼、腰檐、土锅边这些部位。甚至出现了双坡式的瓦顶土掌房，这与汉式建筑文化传播密不可分。因此，彝族的土掌房已经突破了以简单的土、木为材料，发展为以土、木、石、瓦、沙等多种建筑材料共同使用的景象。

从甘肃永靖大何庄遗址、元谋大墩子遗址可知早期土掌房是墙承重结构，构件连接处采用藤蔓捆扎或者架于木料的"枝丫"上，内墙和外墙都承重，为了保证墙体的稳定性在墙体间插入木柱。随着汉族建筑技术的传入，土掌房结构衍化为"穿斗式"，木框架结构与围合的墙体分离，墙体只起围护作用，不承重。在建房时是先立框架结构然后再砌墙。十二颗落地柱直接落在石脚上，在楼层和屋檐处有梁和穿枋将其连接，使整个结构形成一个有机体，抗震性能优良。此外在正立面中间楼层的大梁挑出支撑挑檐梁，形成腰檐。但一些面积小，简陋的附属建筑仍然保留墙体承重的做法。随着内地如斧头、锯子、凿子、弯尺、墨斗等先进建筑工具的传入，建筑构件开始出现燕尾榫、细腰嵌榫、割肩榫等各种复杂榫卯结构，进一步提升了土掌房结构体系的稳定性。

从考古来看，在战国以前泸西没有发现青铜或是铁器的遗迹，泸西最早出土的战国青铜器是白子坟遗址中发掘的，与庄桥入滇的时代是对应的。可以推知战国前应该是用石器加工材料。青铜器、铁器冶炼技术促进了彝族先民使用各种铁制工具应用于建筑营造中。明清以后已经形成了同中原地区相差无几的一套完整的建筑工具。这些工具的传入，使得木材、石材加工工艺迅速发展，也为采用各种新式材料，新式结构奠定了坚实的基础。

从城子村"小龙树二十四家人"可知早期土掌房功能分区简单，主要是无庭院式的"一"字型，正房三间、双层。明间为堂屋，是全家的活动中心，靠左边设一火塘。堂屋正中靠墙处是供桌，供奉祖先神位。左右次间为卧室兼做仓库，存放比较重要的物品。这个时候的功能划分更多考虑的是适应生产生活。但是从中营、小营看，其功能分区除了考虑方便生活以外，还考虑社会文化方面的因素。其布局吸收了汉式合院建筑特征，讲究伦理秩序、中轴对称，大门正对堂屋，庭院处于整个房子的中心，以左为贵，长子居左卧室，次子居右卧室，中间为堂屋。有的有地下一层，用作杂物间，二层三间可隔作卧室、粮仓、杂物间等（图4-1-5）。正房、厢房、花厅随地势呈阶梯分布，正房的地势比厢房高，一般正房两层，厢房一层，且正房的一层比厢房的一层规模要大，花厅地势最矮。这样的布局是受到汉族"择中"思想影响。

在装饰方面，汉族建筑影响更大。"小龙树二十四家人"的早期土掌房几乎

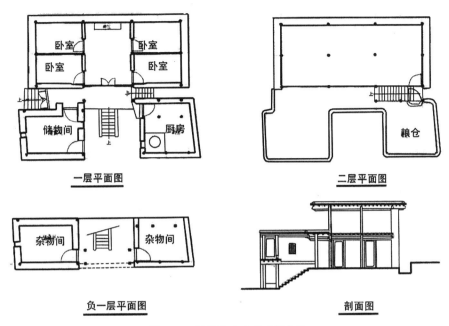

图4-1-5 陈氏住宅内部功能分区

（图片来源：韦猛绘）

没有装饰，但中营、小营装饰逐渐增多，并且有的装饰非常精湛，绝不亚于地主、官僚的府邸。装饰位置集中于檐口、梁头、梁枋、门窗、柱头、柱础等部位，其上有图案、石雕、砖雕、木雕，装饰技艺出现浮雕、镂雕、圆雕等手法，技艺十分精湛。装饰题材上吸收了大量的汉族做法，如大禹耕田、二十四孝、飞凤朝阳等。这些雕刻图案是彝汉文化融合的结果。

彝汉之间相互取长补短，并结合地域特征融合得十分完美，城子村土掌房既有彝族奇特造型的粗犷墩实，又有汉式空间布局的伦理秩序和细腻的装饰，形成了既能满足功能上的需求，又能到达审美愉悦的地域特色。

（三）土司制度与彝汉融合

1.土司制度

从元代经明清，云南行省、贵州行省相继的设立，随着湘滇黔驿道的开通，苗疆走廊逐渐成为沟通中原与西南的大通道，西南边疆逐渐王化。为了有效控制"土民"，王朝任命少数民族上层阶级为地方"土官"，这便是"土司制度"。土官受王朝任命，遵守律法，履行义务，否则便会受到王朝统治者的制裁。此制度最初对"淡化民族矛盾、加强民族团结，确保国家统一起过一定的有益作用，但到后来就逐渐表现出较强的割据性。各级土官'各保境土''割地自雄'，往往有意抵制外来先进的经济、文化的影响，提倡保持落后的习俗。"[1] 实际上，土司制度初期对于推动汉文化在少数民族地区的传播是有积极作用的。但到了后期土司制度成了压迫人民、阻碍文化交流、社会进步的工具。

土司制度是特定背景下的产物，中央王朝给予少数民族上层统治者一定的自治权，有助于缓和民族间的关系，稳定地方统治。王朝统治者欲以土司为中介在少数民族地区传播汉文化，最终实现文化上的"王化"。泸西在明朝洪武年间设广西土府。第一任土官是普德，最后一任是昂贵，共五任，历时99年（1382～1481年）。广西土府的历任土司积极学习汉文化，推进彝汉文化不断融合，彝族的地域技术、社会风貌、审美取向等方面不断地发生变迁，逐渐形成了被本族群共同认可的理念及行为，形成了具有彝汉特征的"土司文化"。

土司制度所形成的是以土官为首的社会权利结构，土司是该地方的"土皇帝"，具有世袭性质，享有许多特权。但土司制度是一个特定的历史范畴，当这种制度阻碍了社会发展，也就意味着它走到了尽头。因此在明成化年间时机成熟，中央王朝便设流官代替土官。但土司文化在民间却有深厚的生存土壤不会随着政治制度的激变而消失。在城子村左侧的山腰上有一座由村民集资建立了"土官庙"，建筑为简单的三开间双坡顶，十分不起眼，但里面供奉着昂贵土司以及若干蛮兵雕像，雕像神情威武。村民每年都要举办"土官节"纪念昂土司。"土司节"便是有关土司制度残存的非物质文化遗产。

2. 泸西土司文化的混融性

1）泸西土司演变

泸西土司文化是一种以彝汉文化融合为基础的混融文化。从洪武十五年，明王朝在泸西设置广西府，历五任土司，历时九十九年。在昂贵革职前广西土府一直设在"矣邦"，今泸西。《天下郡国利病书》有关于前四任土司在"矣邦"积极促进彝汉文化融合的记载。

《天下郡国利病书》载："土官昂氏，初有普德者率众向化，授知州，寻升知府，成化中以不法事，革知府，以冠带署弥勒州，往州治东（今城子），食其地……"

"土官昂氏，初有普德者率众向化"，说明了前期土官是"安分守己"，造福

---

[1] 蒋高辰.云南民族住屋文化[M].昆明：云南大学出版社，1997：20.

于民，并积极促进汉文化的传播。从昂土司遗址中我们便能看到在土司时代汉文化已经对彝族建筑的营建产生了非常大的影响。

《广西府志》卷之三记载："明洪武二十一年（1388年），者满作乱，普德被杀死，职位由子昂觉继袭。时至广西府第五代土官知府昂贵于明成化九年（1473年）袭职。以不法事，于成化十七年（1481年）革职，安置弥勒州为土照磨"。可见昂贵在任时间为1473年至1481年，前后共9年，算是一个短命的土官。对昂贵的"短命"是历史的必然，也是偶然。"必然性"指在明朝中叶，王朝对云南土司采取"三江之外宜土不宜流，三江之内宜流不宜土"的政策，意味着三江①以内的土司制度走到了历史尽头。土司制度封闭保守，阻碍政令推行、文化传播、经济发展，革新是必然的，并且此时中央王朝有能力解决"边患"。"偶然性"是指昂贵土司点燃了广西府"改土"这根导火线。从昂土司的传说如"龙马飞刀"及史书记载，昂贵并非一个安分之人，因"肆虐不法"，被土赵磨赵通之子奏告朝廷，朝廷罢免其广西土府之职，降为弥勒州土照磨，对此史书有多处记载。

《泸西县志》载："明成化十四年（1478年），土赵磨赵通遣子进京上告朝廷，旋昂贵（土知府）被废……"

《广西府志》载："本府土官知府昂贵，先因谋袭毒死伯母山弥、兄嫂海黑，递卖兄自篷，各已奏告，将昂贵监禁六年。适阴幸得生，袭任知府，不改贪害，将伊婶母适嫯并男番赛、孙竜达、家人阿怪、义兄昂全等毒杀，斩草除根。擅调强兵，将赵山等杀死，佐使将琼家见丁坐罪，乘机主令赵成等抄掠家财人口，寸丝不留。"

《广西府志》载："遇有上司差去官员体勘，公然据险不出。故将紧关人犯占吝不发，只是捏词申呈，遮饰己罪。却乃对人大自矜夸，反有轻视镇、守、总兵三司官之意。"

《广西府志》载："土官照磨赵通奏闻，下其议巡抚御史林符核实，逮贵下狱，革职。改土归流，领师宗、弥勒、维摩、三州十八寨所。"

《广西府志》载："昂贵把土司衙门从矣邦（今泸西）搬至白勺（今永宁城子），并把白勺建成险要的城堡。在这里招兵买马，为所欲为，称霸一方。"

昂土司被贬后，就迁到城子村建土司衙署及"永安城"。使得城子村成为当时滇东南的政治、经济、文化中心，威赫一时。但昂贵仍狂妄自大，不思悔改，

---

① "三江"指澜沧江、怒江、红河。

以永安城为堡垒，公然蔑视朝廷命官，反抗朝廷，朝廷借此机会，派官兵围剿，彻底结束了广西土府的土司时代。明成化十七年（1481年）五月永安城被官兵攻破，昂贵兵败被杀。土司府衙及大部民居被烧，家人遭到驱遣，至今城子村并无昂氏后人。朝廷遂委任湖南湘潭解元贺勋到广西任知府，即流官。

《文选司缺册》载："成化十七年（1481年）五月，知府昂贵故（死），同年七月，改除（任命）流官知府贺勋（改土归流，派流官贺勋任广西府知府）……"

从此，大批南京、江浙一带的汉民族迁到泸西一带，形成彝汉杂居格局，为了维护地方稳定，政府开驿道、设哨所，派兵把守。村寨名中带"哨"的，如泸西烟光哨、山林哨、城子哨等都是由以前哨所发展而来的村落。由土司府城向哨所的转变标志着城子村进入文化大融合的新阶段。

2）历史中的"永安城"及土司衙门

多少岁月，多少故事，历史尘封近600载，静静地流淌，这条历史的小溪似乎从未干涸，记忆从未淡去，城子人代代演绎着他们先人的传说，似乎永不老去，反而越发年轻。永安城已逝，留下零星残迹，残迹不残，那是历史的永恒，在这里死去的永安城获得了永生。今天我们已看不到永安城的面貌，仅有昂土司遗址及部分护城河遗址，但我们可循着历史的蛛丝马迹遥想当年土司府的威严及永安城的辉煌。

明朝成化年间广西土知府昂贵被贬为弥勒州土照磨后，在城子建造自己的土司衙门，改"白勺"为"永安府"。城子村住户剧增，由原来的几十户增加到1200余户，各种建筑大规模兴建，形成府城的格局，命名为"永安城"，取永远安宁之意。[①]"城子"村名也由此而来。在城子古村管理委员会提供的资料中有专门描述永安城的文字，摘抄如下：

"永安城四周城墙高耸，十分坚固。箭楼、鼓楼比比皆是，护城河沟深面阔，水流湍急。木板吊桥昂首悬提，地处要道。四周碉楼林立，暗堡重重。一夫当关，万夫莫开，壁垒森严，固若金汤"。

"府城四周依山筑土城墙，北临护城河，城鼓楼建于河上。东、西、南面各有城门，楼堡高耸，巍峨庄严。成为广西府一座有名的大城。"

可见当时的永安城已经具备城池的所有要素。对于土司衙门也有记载：

---

① 以上资料于2011年作者调研时由城子古村管理委员会提供，同时可参见《探秘城子村》（西部论丛，2010，肖育文）。

"土司衙门建于飞凤山顶，有后衙、大堂、中堂、前厅，红楼碧瓦，宏伟壮丽，雕梁画栋。"

"府衙右侧是官府住户，左侧有宣慰使军辕（实为土知府昂贵兵头衙门）。府衙前左右两边有大小营盘（昂贵驻兵），形成掎角之势。"①

目前，依托中国历史文化名村评选为契机，城子村大力发展旅游业，在开发建设过程中，好事者积极推进土司衙署的复原与复建，以再现土司时代的辉煌景象（图4-1-6）。

图4-1-6　昂贵土司衙署复原图

（图片来源：https：//mp.weixin.qq.com/s/8nEbrMd3NcoSASV8cSkGVA）

此外还有对普通老百姓民居的记载：

"百姓多数住土库房（土掌房）和少数垛一层的土楼房（柱子中部打眼，穿二盘，担楼楞，用土盖为双层式土楼）。也有少数用竹子铺盖的竹楼及木板铺盖的木板楼。部分富户，盖的是四合院，主房、耳房、厅房具全，有一定规模。"

"此时的住楼已有石基和柱脚，上面雕龙刻凤，图案有八仙、二十四孝、大禹耕田等及雕镂精细的各种奇花异草。"②

从这些记载可知在昂土司时代，"永安城"的建筑就已经融入了许多汉式建

---

① 以上资料于2011年作者调研时由城子古村管理委员会提供，同时可参见《探秘城子村》（西部论丛，2010，肖育文）。

② 以上资料于2011年作者调研时由城子古村管理委员会提供。

筑风格，这也反映了作为上层阶级的土司在促进文化融合所发挥的作用。由于土司特殊的身份地位，使他们有许多机会接触先进的汉文化，同时学习汉文化也是王朝对土司及子孙的要求。汉式建筑和城池具有辉煌气派，等级鲜明，布局合理，坚不可摧，附会风水术数等特征，这些特征正好与昂土司好大喜功、穷兵黩武、贪慕虚荣相符。在昂土司的经营下，永安城成为当时滇东南有较大影响力的大城。

但是永安城的繁荣只是昙花一现，前后共存在四年。昂贵傲而忘形，屠杀无辜，终被诛杀。《广西府志》记载：

"……被害之人聚讼连群，遮诉盈路，痛愤切于骨髓，冤叫彻于苍天……"

"后来，广西府土照磨赵通派儿赵琼进京告发，明成化十七年，朝廷以兵加罪，召至灭顶之灾，兵败自杀，家属被遣。"

"因为兵灾，府城大部分瓦楼被烧毁，土府衙门仅剩下前厅（明嘉靖年间改为永安寺）。很多土著彝族远逃他乡，永安城一时变为空城。"[1]

几百年过去了，永安城的红楼碧瓦消失了，演绎为一个个故事流传下来，然而土掌房却因适应地域环境而一代代传承下来。不管是汉兵在此屯军，还是汉人来此定居，土掌房却奇迹般被保存及续建，形成目前西南最大规模的土掌房群落。

史书及传说记载昂贵乃"大恶之人"。它为土官时，穷奢极恶，横征暴敛，搜刮民脂民膏，百姓苦不堪言，卖兄毒嫂、霸人妻女、活剥女婿，道德沦丧令人发指，后朝廷派将军胡宗贵对昂贵发难，昂贵兵败，永安城被攻破，土司衙门被战火焚毁，只剩下前厅。明嘉靖年间村民将之改为永安寺，后改为关圣宫，现名为灵威寺，村民称之为"城子大寺"。经过岁月的冲刷，加上人为的不断修葺，只有基座的石材部分留下来。屋身、屋顶已不知重修了多少次。但是从所留下的遗迹，如平面布局，高大的石阶梯，门两侧的石墩、石门枕及其雕饰，依然能想象当年的辉煌，这些遗迹默默不肯消逝，只为捍卫土司衙门的尊严（图4-1-7、图4-1-8）。

对于土司衙门的原貌及格局古村管理委员会为我提供了一些具有传说性质的资料，现摘抄如下：

---

[1] 以上资料于2011年作者调研时由城子古村管理委员会提供，同时也已可参考《探秘城子村》（西部论丛，2010，肖育文）。

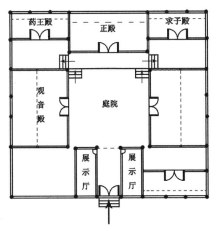
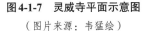

图4-1-7 灵威寺平面示意图
（图片来源：韦猛绘）

图4-1-8 灵威寺基座
（图片来源：作者自摄）

"相传，在明成化年间，广西府土知府昂贵，在飞凤山凤头上，建土司府。土司府占地广阔，位居至高，有威慑全村、吞吐四方之势。整个建筑巍峨雄峙，红楼碧瓦，富丽堂皇。门柱窗棂，精雕细琢，涂丹镏金。前厅、中堂、大堂、后衙，层层递进，高深莫测。大院前有石雕神虎一座，人形兽身，戴虎头帽、披虎斑衣甲、张弓执斧，威风凛凛，虎视眈眈。座前石香炉，终日香烟袅袅，给土司府平添几分威严。"

"府衙左侧住兵头侍卫，右侧居差官下役，府衙前，立大、中、小营盘护卫，成掎角之势。现城子仍称大营、中营、小营，皆由此来。"①

3）土司街——江西街

对于"江西街"，古村委员会提供了一些具有传说性质的资料，现摘抄如下：

"在衙门西侧山腰还设置著名的'江西街'（传说江西人到这里卖布匹、针织品的街道）。街道两侧兴建的房屋，大都是土木结构的瓦楼建筑和少数两层的土库房（土掌房）。"②

"江西街"是最初的名字，他最后淡出人们的记忆是在新中国前夕以"猴街"的名字结束的，是属猴日赶集的意思。"江西街"位于土寺衙署下面的山腰上，现在只是一条长约500余米，宽5～6米的土路，如没有村人讲解，定不会有人

---

① 以上资料于2011年调研时由城子古村管理委员会提供。

② 以上资料于2011年由城子古村管理委员会提供，同时也已可参考《探秘城子村》（西部论丛，2010，肖育文）

将其与繁华的集市联系起来，对于"江西街"村里也流传着它的传说。

"传说昂土司鼎盛时期，城子村人口剧增，最多时达1200多户，5000余人口。昂土司为了突出其势力强大，故意显示繁荣景象，装点门面，于是开辟了城子集市——'江西街'。借此机会，他私自征收捐税，中饱私囊。开市之初天天赶集，时时贸易，一时之间，'江西街'名声大振。附近村寨的群众，广西府城的顾客，周边师宗、邱北、弥勒等地客商纷至沓来。街道两旁瓦木结构楼房、土库房一幢幢破土而立，各式店铺相继立店开张。一到赶街天，店铺地摊彼此相接，人呼马叫，车水马龙，熙熙攘攘，十分拥挤、热闹。"

"江西街上，小到针头线脑，锅碗瓢盆，大到牛马猪羊，犁耙车驮；土有麻布毡子、篾帽蓑衣；奇有岩羊鹿子、锦鸡香獐；贵有金银珠宝、绫罗绸缎以及老百姓常见的日用品，婚丧嫁娶的必需货，贵重时髦的装饰物。还有其他土特产如：糯米糍粑、燕麦炒面、橄榄芭蕉、蜂蜜荞酒、核桃板栗等，可以说是百物杂陈，琳琅满目。"[①]

兵败如山倒，昂土司战败，大势已去，"江西街"也随之萧条，参加集市贸易的人越来越少，起初将集贸日改为一周一次，定在猴虎日，称为"猴虎街"后改为每月的猴日，称为"猴街"。慢慢地越来越惨淡冷清，但直到1940年左右才自然解散，悄悄地埋进了历史的尘埃里。

对于江西街的来历村里流传着两种说法：一是说有很多江西的商人到此进行贸易，形成以江西货为主；二是因为当时省城最繁荣的地段名为江西街。

从民族文化融合来看，昂土司设江西街是有积极意义的。集市是各个地区各个民族的奇货异物的集会地，各地方的人自然也会将不同的文化随之带来。依托江西街，城子村一时成了多元文化的汇集地。在受到其他民族文化的影响下土掌房也得较大发展，为彝汉建筑风格的形成提供了优沃土壤。

二、人神交流的桥梁

土掌房作为彝族精神文化物化的表现形式，在与大自然的调试过程中形成了自己的建筑风格。彝族土掌房中弥漫着浓烈的宗教文化氛围，这与彝族的神灵观念密切相关。彝族的鬼神观念及宗教祭祀活动源于远古的神话传说，并在漫长的

---

① 以上资料于2011年作者调研时由城子古村管理委员会提供。

历史演进中不断地丰富发展，集中体现了远古时期的英雄神话、图腾崇拜、自然崇拜、祖灵崇拜的历史遗迹，展现出人与自然相融相生的历史演进轨迹，并在村落与住屋中形成为人神共居的聚居模式。

（一）彝族的宗教观

彝族在认识自然、改造自然的过程中，寻天问地，探究宇宙之奥秘，然而天何其大，地何其广，很多问题难以解决，致使彝族他们认为在可感的世界外还有一个神秘的灵界，这个灵界看不见，摸不着，却拥有强大的力量并控制着人类世界。人类所需的一切都都取决于神灵，在神灵面前，人类必须虔诚，否则将受到神灵的怪罪和惩罚。这便产生了彝族的宗教观。

在彝族土掌房中人的空间也是神的空间，人神是共居共处的，在这个公共空间中，人的位置是次要的，神的位置才是重要的，这个空间对于人而言可能就只是一个居住的"屋"而已。人要在这个屋里平安健康就得依赖里面的神灵庇佑。在土掌房中住着柱神、门神、灶神、火神、祖灵神、虎神等，这些神灵使住屋弥漫着浓烈的宗教气息。在住屋外还有保佑村寨的寨神、山神、水神、土地神等，所以村寨和住屋都体了出人神共居的特点。为了取悦神灵人们举行各种民俗活动祈求保佑。

城子村是彝汉杂居的村寨，彝汉文化在这里相融相生，我们既能感受到彝族古老的原始宗教文化遗迹的神秘，也能体验儒、道人文宗教的活动。原始宗教源自于古代彝族的万物有灵论，认为自然万物都有灵魂附体，以此为依据，形成神树林、龙树、太阳神、田公地母等信仰。城子村受汉文化影响深刻，原始崇拜的观念不断淡化，但在泸西其他很多彝族村寨却长盛不衰。如白水镇的小置邑村（白彝支系）原始崇拜还保留的非常完好。如果仔细观察城子村的日常生活还是能够找到一些如柱神、门神、灶神、祖灵神、虎神、水神崇拜的痕迹，只是增添了更多的世俗性。人文宗教就是被赋予了人的形象，具有人格力量，说得通俗一点就是按照世俗的人的样子塑造的具有超自然力的神，这与中国佛教和道教里的神仙本质上是一样的。在城子村有自己独特的一套造神方式，有的是直接从道教中借鉴而来，如武神关公，其他则是土生土长的神，如飞凤、利元二位大仙。还有就是随着历史的演变，由村中的历史人物演化而来的。如土官神（昂贵）、战神（李德奎）、三神将军（张冲）。通过各种造神方式，城子村建构了一套村域神仙系统（图4-2-1、图4-2-2）。

图4-2-1 土司庙内景　　　　　　　　　　图4-2-2 昂贵土司像
（图片来源：作者自摄）　　　　　　　　（图片来源：作者自摄）

　　通过对城子村宗教类型进行梳理，我们可以清晰地了解城子村的宗教文化，便于理解土掌房蕴含的宗教内涵。通过对宗教理念的研究我们不但可以看出村民的宇宙观及思维方式，而且能够加深对土掌房文化内涵的理解。

　　宗教建筑性质是根据宗教类型来定的。对于原始宗教而言，"屋内神"是没有专门的宗教建筑，因为它还没有脱离于人，而是依附于人居建筑，建筑就是神的构筑体，人的住所也是神的住所。对于寨神或者说是建筑外的神，如天神、土地神、水神、山林神等已经从人居建筑中脱离出来，有了独立的住所，比如祭"龙树"就是在龙树下搭一个小屋。这样的构筑物面积小，结构简单、造型简陋。但建筑形制、尺度、造型不是重点，重点是赋予的文化价值。在祭祀日全村人都要对之顶礼膜拜，磕头诵经。目前城子村原始性的群体祭祀活动已经消失了，但可以推断，在城子村彝族人口还很多时，这些祭祀活动一定很隆重。因为在泸西很多彝族村寨中类似民间信仰活动至今盛行。对于具有人文宗教性质，以家庭为单位的祭祀，如门神、灶神、井神等还很好的延续至今。在重要节日里，很多村民会在门、灶、井边进行插香、烧冥币的简单祭祀活动。

　　在城子村有专门供奉昂贵土司及其父亲的土官庙。土官庙的宗教属性界定不清，既非道教，也非佛教。土官庙形制简单，三开间带檐廊，屋顶为两跨三檩的双坡屋顶，里面供奉着相应的神像。据村民说土官庙一直就有，在"文革"期间被毁，现在看到的是近年重建的。

　　城子村是一个具有道教气息的村落。因为城子村是按照道家"五位四灵"的方位观进行选址的，"四灵"指的就是道家的四种神兽，即左青龙，右白虎，前朱雀，后玄武，整个土掌房群落由这四灵神兽护佑。在民居装饰上大量运用道家的吉祥物，如在"将军第"中的瓦当就刻有鹤、龟图案，其他石雕、木雕中有仙草、凤凰等图案。位于飞凤山顶的灵威寺，也称"城子大寺""关圣宫"，是城子村最大的庙宇建筑。根据调研，灵威寺是由昂贵土司府衙前厅演变而来的。灵威寺中供奉有玉皇大帝、牛王马祖、送子娘娘、财神、四大天王、孔子等神像，从神像代表的宗教类型看，以道家的神仙为主，儒家的孔圣人也位列仙班。在灵威寺正殿神像前站有两排彝族武士神像，形象粗犷，十分威严，扮演侍卫的角色。

总体看来，城子村留有原始宗教的遗风，但其影响力逐渐减弱，以道家文化为核心的人文宗教色彩越加强烈，穿插着儒家遗风，说明城子村的"村域神仙体系"已经初步建构，并体现为多元宗教混融的特征。

（二）保护村寨的自然神

大哲学家费尔巴哈说过自然崇拜是宗教的最初原始对象。为了生存，为了种族的繁衍，彝族先民有意识地将自然物与人联系在一起，并使之具有虚拟血缘关系，使人与自然物同属一个亲族。人类要与这些亲族成员和睦相处，并获得他们的一些庇佑或保护。于是出现了最早的自然崇拜。随着人类思维和意识形态的发展，尤其是万物有灵观念的产生，赋予了这些崇拜对象以灵魂。出现了最原始的宗教理念。由于大自然无穷的神秘性，早期的人们无法理解超乎客观自然现象之外的现象，于是产生了鬼神观念，多神崇拜诞生了。至今在泸西彝族村寨中仍然保留着各种自然神崇拜。但城子村彝族人口少，汉族占了多数。所以在问及村民关于自然崇拜时，大部分村民都不清楚，但说到农历五月十三日这天有"祭大山"活动，祭拜的对象昂贵土司，不是山神。从人类学角度看，这种"名不符实"的现象是文化变迁的结果，是不同文化碰撞后的妥协。"祭大山"应该是城子村早期彝族山神崇拜所留下的残迹，因为在泸西其他很多彝族村寨祭山活动很常见。我们是否可以据此推断早期的城子村跟泸西其他彝族村寨一样是存在多种自然神崇拜的，而且在崇拜内容上与泸西的白彝支系应该是接近的。今天看不到自然崇拜行为，并不代表历史上没有，只是举行这些仪式的主体被后迁进的汉人给替代了。所以我们不能直接论述城子村早期原始自然崇拜，但我们可以从泸西整体的彝族村寨间接进行分析。

泸西彝族与自然为伴，在与自然共生共存的过程中，形成了崇拜自然，尊重自然的观念。他们把村落周围的山、树、河、石等当作神圣的对象加以崇拜。其中对山、树、石的崇拜在村落的大环境中表现得尤为突出。本节主讲与村落有关的"自然神"，如山神、树神、水神及土地爷，这些"自然神"规范着彝族村寨良好的空间位序。

泸西彝族村寨多位于山区，山成了村落的母体，山与村落休戚相关。千百年来大山守护着彝族村寨，使村子繁荣昌盛。在彝族看来这里住着山神，正是有了山神的庇佑，村子才能平平安安，兴旺发达。所以泸西各地的彝族在建村选寨时都要选择背靠群山。由于受到汉族道教的影响，彝族的山神崇拜与道教中的土地爷合二为一。早期祭祀山神是选择在一片悬崖峭壁处进行祭祀。后来则在半山腰建一座简单的小房子供奉山神爷，而此时的山神爷脱离了自然的原始性，获得了人的特征，但它只是山神的载体而已。在这里山神扩大了内涵，它不仅指"山体"，还包括山上的神树、神树林、神石。

祭山，是泸西白彝人传统的祭祀习俗之一，于每年农历二月初二，以村落为单位举行，这是一个颇为庄重而又有趣的节日，祈求村寨五谷丰登、健康平安。在祭山之前，由村里德高望重的老者出面召集村人商议具体细节。村民们按人头或者按家庭的经济能力凑钱置办祭山所用之物品，其中主要是购置一头猪。对于祭祀的人选是受限制的，每个家庭出一个精壮丁，女性禁止参加。农历的二月初二这天，参加祭山的男子穿戴一新，各自携带供品。在途中会遇到一个事先用树枝架设的"净身架"，穿过该"净身架"就意味着到了祭场范围内了。这时，主持祭山的长者会让大家各砍一枝青钢栗树的树枝插在"神树"上以及神树周围，意思就是告诉村民要保护森林，保护神树，不让"神树"受损。主持者令宰猪者将肉按人头平分挂于树枝上，祭祀活动完了后带给那些没有参加祭祀的人，也让他们分享山神的"恩赐"。

关于"祭山"在民间有这样一种说法：

在二月初二这天，通过观察被太阳烤晒过的青钢栗树的叶子的形状，可以能够预测出每户人家当年的农作物收成，如果叶片呈卷直状，形似苞谷，则说明这家的苞谷长势好，收成也好，反之如果叶片横卷，形似饭勺，则说明这家人不敷出，收成不好，但家里的消耗却巨大。那么这家就得更加勤快的管理庄稼和注意节省粮食，以免口粮短缺。

做好一切准备后，长者便从"神树"的地洞里掏出一颗圆形状的，名叫"山祖石"的神石，传说这是白彝人猎神"鲁特"的化身（图4-2-3）。长者用当天取的新水清洗，并用树叶包裹，毕恭毕敬的放置于神树下。接着村民把各自带来的供品置于神石前，然后所有的人跪在神石前，长者在最前面，开始祈福，主要是祈求各路自然神保佑村落、村民、庄家、牲畜平安无灾。然后大家磕头拜谢。

仪式结束后就是集体宴饮（图4-2-4）和撵雀，在宴饮过程中，两个小伙子学布谷鸟和骏马的声音，并问大家："格听见啦？布谷鸟叫啦，种得庄稼啦；骏马嘶鸣啦，丰收在望啦。"大伙也要异口同声地回答："听见啦，听见啦，种得庄稼啦，丰收在望啦。"在撵雀活动中把抓到的所有麻雀做成雀干巴，目的是告诉其他禽类不能来糟蹋庄稼了。祭山完毕后，每个人带一枝插在"神树"四周的青钢栗树枝回家，插在牲畜棚上，意义保佑家禽健康无病。

图4-2-3 小直邑祭祀山神
（图片来源：作者自摄）

图4-2-4 小直邑祭祀山神后的聚餐
（图片来源：作者自摄）

祭祀"密枝神"是泸西、弥勒、师宗一带白彝人的一个祭祀习俗，目的是祈求"密枝神"保佑风调雨顺、五谷丰登、六畜兴旺。该祭祀节日在每年的农历冬月十日举行。关于这个祭祀习俗有一个传说：在很久以前，有一个叫"密枝"的白彝人妇女，彝语叫"密枝嬷"。在大雨天，为了保护部落羊群，被雨淋湿后生病而死。人们为了纪念她，就将她演化为白彝人心目中的神，即"密枝神"。

密枝山里有密枝林，密枝林里有密枝神。祭祀密枝神这天，村里精壮丁宰杀绵羊前往林中祭祀，由毕摩主持，祈求庄稼丰收，羊肉按每户平均分配，送肉回村的人，进村后便要大叫大骂，告诫不守村规民约的人。密枝山、密枝林、密枝神是神圣不可侵犯的，是村民顶礼膜拜的神，在密枝山中的一切是禁止人随意进入的，其中严禁砍伐林木，否则便是对神的不敬，必将受到严惩。

（三）神灵构筑的住屋

土掌房是彝族安身立命之所，也是众多鬼神的栖息地。从土掌房的室内外，楼上楼下，处处皆有神灵附着其上，如柱神、灶神、火神、门神等，这些无形的神灵与有形的建筑物共同构成了土掌房的全部。对于这些有神灵依附的地方不可亵渎，住屋中的人要维护它，并且要定时对之祭祀，才能得到神灵的庇佑。

由于历史、地理、经济等原因，彝族文化保留着大量的原始崇拜，如祖灵崇拜、自然崇拜、鬼神崇拜等，这些原始信仰深刻地影响着包括建筑在内的彝族方方面面。在建房过程中时刻都伴随着民俗活动，从拟建房起，就要请毕摩（巫师）主持一系列的仪式，如伐木时祭树神、上梁仪式、祭祀中柱、开财门、打灶时祭祀灶神等，整个建盖过程其实就是一系列宗教活动串联起来的。

住屋空间也是神灵的空间，住屋里含有浓厚的宗教信仰成分。彝族民居的许多构件上附着神灵，如灶有灶神，门有门神，柱有柱神，厩有厩神（牛王马祖）、供桌上有祖先神等。透过彝族建筑的宗教文化探析，可以窥探彝族宗教信仰的全貌。

建筑是人的安身立命之所，人在这个三维空间里经历由生到死，成家立业，繁衍子孙。这是显性的有形的世界，能为人所感知。为了让有形的世界无灾无难，大吉大利，人们基于万物有灵论的观念构建出了一个无形的，不可触摸的世界，这个世界也有"家庭成员"，这些"家庭成员"由现实中的人想象出来的，并有固定的居住空间，他们与现实中的人共生共荣。在彝族的世界观里，在小小的居住空间里存在着有形无形的两个世界，形成了人神共居的格局。在这个格局里，从意识层面看，神是至高无上的，但回到物质的现实空间，却是以人为中心的，神的地位是人封的，神的居住空间是人分配的，神的等级也是人排的。在建筑中各种神灵通过建筑物的不同部分而表现出来，人根据其亲疏远近来确定其地位。从住屋的外门到堂屋中，分布着门神（有大门神、堂门神、灶门神等）、柱神、火塘神、祖灵神等。这些神都与建筑构件一一对应，在他们身上承载着彝族原始的宗教观念。

在彝族的世界观里，根据其在现实中的重要性及由此延伸的内涵，中柱有三层意思：第一，中柱作为一个建筑构件承受着整个房子的绝大部分重量，可以说是整个建筑的核心构件之一；第二，中柱被认为是通天的神器，其连接天地之间，阴阳两极。当人向天神、地神表达自己的意愿时，中柱是沟通的中介，在这层意义上，中柱被赋予了神性，也因此中柱进入了神的行列；第三则是由中柱的重要性延伸出来的意义。中柱是用来承载大梁，承载整个屋架的，以此作为类比，在一个家庭中，承担起整个家庭大部分责任的成员被称为"顶梁柱"。当然这里的"顶梁柱"一般指家里有担当的成年男性。因此中柱获得了特殊意义。

选中柱没有时间限制，可以在建房前，也可在建房中，主人可以先到山上物色适合自己的中柱，然后确定一个时间，带着一桌酒菜上山，先是拜山神、土地神，祭拜完之后，主人采一份"水饭"撒在干净的石块上，嘴里念叨着"奉请山神爷爷，土地公公享用饭菜，今日某某来此伐木，请二位大仙开山"。说完就默认获得了二位大仙的恩准。然后再拜所要砍伐的树（中柱），祭拜时在树旁插一束用黄纸钱包扎的香，主人磕头三个。每磕一次头嘴里念到"开山大吉，盖房平安"。完毕，就可以砍伐了。

主人搬到新建的屋里居住，逢年过节都要祭拜梁柱，禁止在上面钉钉子或是挂物品。在他们看来，对神的敬畏是每时每刻的，只有这样，遇到困难才会得到神的帮助。一般祭拜时，朝中柱虔诚作揖三次，在柱的两边各插一根香。祭拜中柱，可向神灵表达自己的夙愿，祈求神灵保佑，以获得精神上的满足。

门作为沟通内外的通道或分界点，是富有宗教意义的。根据位置、功能的不同而分为大门、堂屋门、房门（卧室门）、灶房门、楼门、烤棚门、牛圈门、猪圈门、鸡圈门、柴房门等。在所有这些"门"中，与人生活密切的大门、堂屋门、房门最为重要，其次是牲畜门。这两类门因此被赋予了神性。与人畜无关的门在彝族的世界里就是普通的门，仅起隔离空间的作用。门可以隔内外，可以别男女，可以分亲疏。门也是一个"关卡"，这个"关卡"既能阻挡贼寇的侵扰，狂风、暴雨、烈日的侵袭，也可阻挡"邪鬼""恶鬼""野鬼"的侵入，同时当家里财气不旺时，通过"开财门""顺财门"，将滚滚财源招进来。如果家里有邪气、恶气、阴气则请道士或毕摩将之从门驱逐出去，以保一家老小，六畜平安。

开财门一般是搬入新居就举行，在早上进行，由道士主持，主人准备三碗饭，筷子横担其上，八个菜及三盅酒摆于堂屋门前，主人一家老小对着正堂门磕头，心里默默地说着自己求财的愿望。道士主持仪式，它用法器象征性的朝向门摇晃着，一边还唱"开财门"歌：

"一敲金，二敲银，三敲满是金和银，前边栽的摇钱树，后边放的聚宝盆，白摇金来，夜摇银，白天摇出半斤金，夜晚摇出四两银，摇出金银买田地，买得田地勤耕耘"。

之后道士令主人去折一些新鲜的柳枝，柳枝用道士画满符的黄纸包裹，用红绳捆扎，悬挂于门楣上，标志着开财门仪式结束，也预示着这个家从此财源滚滚。如果财运不济，且频频破财，说明财门不顺，需要请道士再"顺财门"。

门很重要，自然就有许多禁忌。忌讳在门前有一个突兀的障碍物，或者前方有光秃秃的山。秃山主要是暗含没有生机，家道衰败之意；从门的大小来看，不同种类的门不能尺度一致，造型可以雷同。朝外的大门是最大的，其次是堂屋门，卧室门可以大小一致；从门的尺寸来看，在门的高度和宽度的末尾数不允许有奇数出现，认为不吉利。在他们看来凡是不对称的，不管是具体的的物品，或是抽象的数字都像一把利剑将门从中间划成两半。所以正对门忌讳突兀的物体，正对门的地板忌讳有直线，俗称"破缝"，附会破财之意。至今村民贴地砖都是以正门为中心向两边贴，可避免破缝；从形状来看，门要么下宽上窄，要么上下同宽，绝对禁止上大下小，这既是审美的需要，也是文化的要求，在他们看来，天是老大，地是老二，上大下小就是与天作对，会招致灾难的降临。

门槛是用来跨的，禁止踩踏，也不能坐，也不能砍、踢。门框也一样，除了对联、利世官仙、道士符以外什么都不能贴，不允许对之泼脏水、吐痰，不能让门沾上唾液、鼻涕等污秽的东西，否则会玷污了门的神圣性。堂屋门尤其神圣，堂屋门里居住着祖灵、柱神、火塘神。堂屋不仅是私密空间，也是多神聚居之地，堂屋门是唯一与外界联系的通道，因此必须高度重视。忌讳牲畜进入，包括自家的和别人家的。泸西的彝族崇拜绵羊，有时也会看到门楣上挂羊角，起到装饰、避邪的作用。

由于受到汉文化的影响，在春节前一天，村民除了贴对联、利市，还贴门神，一般跟内地汉族一样贴古今武将的神像，主要有尉迟公、魏征、张飞、关羽，现代主要是十大元帅、十大将军。村民认为武将阳气重，妖魔鬼怪不敢近身。在除夕这天要举行"封门仪式"。一般由男主人主持，先贴门神于门板正中，然后将鸡翅膀上的鸡毛或是鱼尾巴的鱼鳞贴在门神的嘴部，再将写有"三十封门多吉庆，初一开门广招财"的红色小字条贴在旁边。主人则边贴边念叨着大吉大利、平平安安、升官发财之类的吉祥话。

在泸西白彝村寨至今流传着"噜哒哩"崇拜，即"五谷神"（龙背带）崇拜。有"屋里不供龙背带，不算白彝人"的说法。可惜城子村彝族极少，"五谷神"崇拜已经消失。彝族以左为尊，以中为敬，所以龙背带悬挂于堂屋正中的左侧，这个位置与放置祖灵的位置地位一样重要。龙背带制作精美，具有美化居室的作用。龙背带是用白色的麻线精心编制而成，外形酷似一个挎包，在龙背带里放有五谷杂粮及鸡骨。在白彝人的眼中，龙背带是农、畜的保护神。正是因为有了这个保护神，白彝人才五谷丰登，六畜兴旺。关于龙背带崇拜还有一个美丽的传说，极大地丰富了居室的审美文化意蕴。

"相传古时，彝家有个勤劳忠厚的后生，家里很穷，二十多岁还单身一人。一天，他挑水时带回一条金鲤鱼，就放在水缸中养起来。过了不久，屋里出现了稀奇事。每当后生做活归来，屋里总是收拾得干干净净，饭熟菜香，他询问邻居，都说不知道。第二天他假装下地了，又悄悄趸回潜到屋后偷看，晌午时分，只见水缸里金光一闪，现出一个俏生生的彝家姑娘，动手为他烧火做饭，后生一步跳进去，紧紧抓住她的花腰带，向她求婚。姑娘含羞地答应了，但提出一个要求，无论在任何情况下都不能骂她'臭鱼'。后生赌咒答应，原来得知姑娘是龙王的女儿。婚后，他们相亲相爱，共生下了九个儿子，龙女又到龙宫中带回了宝葫芦。在宝葫芦的帮助下，彝家牛羊成群，猪肥马壮，五谷丰登，过上幸福生活。一次龙女与丈夫争吵，丈夫不守诺言，骂妻子'臭鱼'，龙女一怒之下，带着宝葫芦回了龙宫，只留下她亲手编织的龙背袋。从此，彝家为纪念'龙女'为人民造福的成绩，就把龙背袋当作五谷六畜的保护神，永远供奉。即使家庭遭到水灾、火灾或家中被抢劫，其他财产全部丢光都可以，唯独'噜嗒哩'（龙背带）不能遗失或损坏，可以说它是白彝家里的一件'宝贝'。"[1]

这个故事通过神话的形式讲述了泸西彝族"龙背带"的来历，不仅是祈求五谷丰登、六畜兴旺，还告诫家庭成员，尤其是夫妻之间一定要相亲相爱。这样家庭才能繁荣兴旺。

彝族谚语："生于火塘边，死于火堆上"。说明火塘对彝族很重要。现在城子村火塘已被新式火炉、电器所替代。根据村民回忆，以前的火塘构造简单，立三块石头，围成一个凹槽的轮廓便可。这种火塘无排气孔，屋内常年烟雾缭绕。后

---

[1] 平慧，张双祥.白彝人螺女型故事"龙背袋"的文化阐释[J].毕节学院学报，2013（3）.

来"回风火塘"的出现代替了传统火塘。"回风火塘"利用"回风"将烟从烟囱排除。随着电器的普及，火塘已无用武之地。但火塘文化在村民的口中仍然流传。

彝族以左为尊，火塘一般布置于堂屋的中部偏左。在火塘边上置三块石头，当地人称为"丁锅石"。在"丁锅石"上架锅就称为"锅桩"。锅桩与火塘合为一体，构成完整文化意义上的"火塘"。火塘是彝族家庭的中心。在火塘边，全家老小，或四邻右舍，或亲朋好友围火而坐，谈天说地，说古道今。"火塘"是神圣的，禁止踩踏和跨越。以火塘为中心构成了彝族独有的伦理方位，根据以左为尊，以上为大，以内为敬的伦理观念，火塘的左上方是最尊贵的位置，自然也是最尊贵的人就座，一般是家中的男性长者，当有重要客人到访时，主人也会请客人到此就座。右面则是客人的座位，靠近主人，又不正对主人，既利于交谈，也不显得尴尬。而正对门的方向是添柴禾的地方，是女性或一般人的座位。在彝族眼里只有火塘才有家的感觉，火塘成了家的象征，他们认为火塘与家庭的荣辱兴衰、祸福旦夕密切相关。火塘是火塘神的居所，为了获得火塘神的庇佑与赐福，人们赋予火塘至高的地位，许多成长仪式都在火塘边举行，比如出生时的生命之礼，要抱着婴儿经过火塘上方，意味着一个新生命的诞生。还有"叫魂"仪式。当家里成员生病或是精神不佳时，便被认为是"丢魂"，需请巫婆"叫魂"。巫婆从大门口开始喊"某某回来……"一直要到火塘边，才停止。因为只有把魂魄招到火塘边，魂才能归附人体。

（四）住屋与祖先崇拜

彝族盛行祖先崇拜，但其祖先有两类，一类是虚拟血缘关系的虎崇拜，彝族视老虎为其共同的祖先，其视域涉及整个彝族群体。另一类是有真实血缘关系的祖先崇拜，其空间范畴主要聚焦于家庭或家族的小视域。

1.虎崇拜

彝族自称"罗罗"，"luo"就是"虎"的意思，虎是他们的图腾物。在泸西不仅彝族崇拜虎，笔者走访了彝族村、汉族村、彝汉杂居村，在这些村寨中的不少人家供桌上，或是门楣上，或是腰檐上能看到虎的形象。这自然是彝汉文化融合的结果。在住屋中供奉老虎雕像既是对虎祖先的崇拜，也是希望获得虎神的保佑，起到镇宅避邪的作用。

在彝族的创世史诗和民歌中有大量关于宇宙天地万物由"虎"演化而来记载，这从根源上为确定虎为彝族的图腾物提供了依据。

在彝族长篇创世史诗《梅葛》^①记载：

"虎头作天头。虎尾作地尾。虎鼻作天鼻。虎耳作天耳。左眼作太阳，右眼作月亮。虎须作阳光，虎牙作星星。虎油作云彩，虎气作雾气，虎心作天心地胆，虎肚作大海，虎血作海水，大肠变大江，小肠变成河，排骨作道路，虎皮作地皮，硬毛变树林，软毛变成草，细毛作秧苗。"

弥勒彝族《阿细的先基》也记载：

"混沌时代，宇宙间有一只硕大无比的老虎，它的眼变成日月，皮变成天，故银河似虎斑纹，肠胃变成江河湖海，筋骨变成山脉，虎毛变成花草树木。"

在泸西的《白彝创世纪》也有类似的创世传说：

"虎脊为银河，虎背是天体……"

不论是《梅葛》《阿细的先基》，还是《白彝创世纪》，都认为宇宙间的天地万物，皆由"虎"化，皆由虎生。

在《我是彝人》这首民歌里唱到：

"……远古的时候，没有天，是彝人来造的天；远古的时候没有地，是彝人来造的地，威严的老虎是祖先，啸声震天守家园……"

老虎不仅创造了世界，而且创造了人类。在彝族人看来老虎不仅是人类的始祖，也是宇宙的创造者。老虎在彝族心中的地位就如"盘古"在华夏族的地位一样，乃开天辟地之始祖也。

泸西被称为"阿庐大地"，那么泸西历史与"阿庐"有什么关系？清康熙时所编《古今图书集成·方舆汇编·阿庐山部索考》载："阿庐山，在广西府（泸西）城西，山下，旧为阿庐部。"至今在"阿鲁法"（村名）一带仍然流传有反映彝族先民在这里生息繁衍的民谣："九山十八洞，洞洞十八家，家家十八个，个个抱娃娃。"

从这段话我们知道彝族先民在此生息，"阿庐"则是一个部落的名称。泸西彝族都说自己是阿庐的后人。阿庐人修建的城为"虎城"。关于虎城的由来流传着这么一个故事。在洪荒时代，有一个部落来到泸西这个地方，这个部落遭到灭顶之灾，最后只剩下一男一女两个小婴儿，这两个小婴儿被放置在一朵仙草灵芝上，最后是一只黑虎用她的乳汁养育了这对孩子，最后长大成人结成夫妻，繁衍后代，最后形成了强大的阿庐部落，也就是今天泸西彝族的祖先，人们为了感

---

① 云南省民族民间文学楚雄调查队.梅葛[M].昆明：云南人民出版社，1978.

谢那只老虎，就把泸西命名为虎城。在2018年前泸西县城中心有一只黑虎雕塑，雄伟挺拔，气势威严，据说是彝族爱国将领张冲[①]将军的化身。（图4-2-5）所以在很多人眼里泸西称"虎城"是为纪念张冲。当然了这是有一定道理的，然而为什么就选择"虎"来纪念张冲，这就与彝族的虎图腾崇拜有关了。

图4-2-5　泸西大老虎雕像

（图片来源：网络）

可见彝族虎崇拜历史悠久，生活中处处彰显虎文化的痕迹。在泸西，由于彝汉文化融合，不仅彝族建筑处处体现虎文化，而且其他民族也吸收了彝族虎文化于建筑中，主要是用于装饰、镇宅用。从所处位置来看，"虎"主要用于建筑的三个地方：第一，大门的左右两边；第二，正对明间的腰檐上；第三是堂屋内的供桌上。此外还有一些会在住屋山墙上绘制虎的壁画。虎雕材质不同、大小不同，大的如泸西县城九华路与马钢场交界处的黑虎雕，是整个县城的装饰景观，小的有手指般大小，可挂于项间。从风格来看，虎雕有写实的，也有抽象的。写实的大半是近几十年由石匠师傅雕刻的，十分巍峨，且活灵活现。抽象的虎雕，并不多见，大多是古时留下来的，造型质朴幼拙，反映早期彝族原始的审美观。

[①] 张冲（1901—1980），彝族，云南省泸西县永宁乡小布坎（现划归弥勒县）人，曾在城子村就读小学。抗日名将，被称为"黑虎将军"，1954年后曾任云南省副省长，全国政协副主席等职。

2010年笔者考察昂土司府遗址时，笔者发现了一座雕塑，似虎却又非虎，因为其雕刻手法实在是粗拙，并且表面有许多部位都已脱落，明显历史悠久。村民告诉我是石虎，但不知其历史。这尊粗狂质朴的石虎可能是早期彝族先人的作品，那时他们的审美思维还很原始，受雕刻工具和技术限制，风格很抽象，只能大致的将虎的轮廓表示出来，这尊虎高约70cm，宽40cm。从风格来看这尊石虎可能是土司时代的作品，是作为建筑中的装饰物，还是祭祀虎祖先用？有待进一步考证。在灵威寺门外有一宝葫芦，葫芦顶上是一只憨态可掬的小石虎。在昂土司遗址的大门左右两边各有一个长方形大石墩，该大石墩非常像明清时期的须弥座，但他的层次只有三层：上下枋、上下皮条线、束腰。在束腰处刻有一个蛮兵的浮雕，该蛮兵腰挎宝刀，身穿虎皮战衣，威风凛凛，该石墩目前没有专家考证是否是昂土司时代留下来的，但从浮雕的内容来看体现了土司时代尚武的遗风。

从昂土司遗址中抽象的石虎雕推知，早期"虎"雕已经运用于建筑中，但应该是独立于民居的，有可能是"虎神"或是祖先的化身。这个石雕可能是祭祀祖先时顶礼膜拜的对象。就像今天寺庙里的佛像一样。虎本身能体现出一种自然的力量美，将虎雕或虎的形象用于建筑中，有很好的装饰效果。但对于屋主人而言，则更看重的是虎的驱魔辟邪作用。

2.祖先崇拜

彝族盛行祖灵崇拜，至今在一些地方的彝族仍然实行父子联名制，目的就是不忘根，不忘祖。对于逝去的先人丝毫不敢怠慢，其尊重程度于生者有过之而无不及。因此住屋中最核心的位置是用来供奉祖先牌位的。每当先人的忌日或是逢年过节，或是出现喜事凶事都要祭拜祖先。喜事是要感谢祖先的恩德，凶事要祈求祖先在天界保佑子孙逢凶化吉。在彝族堂屋供桌上的中央是供奉祖先牌位的地方，这个位置神圣不得玷污。

彝族受原始万物有灵观念的影响，对待生老病死非常乐观豁达。从人生历程来看，彝族认为人世间的死是新生的开始，在他们看来人生是永恒的，人间只是人生中的一个驿站，死只意味着走完了一个驿站，开始下一个驿站。从空间看，死后灵魂一分为三，一个仍留在世间生活过的家屋里，另一个则是埋到坟墓里（这个灵魂在埋葬日，按照毕摩念的"指路经"回到祖先生活过的地方），最后一个则被送到祖灵之家，既祖洞。他们认为这三个灵魂掌控着后世之人的生老病死，旦夕祸福。总的来看，彝族的万物有灵观念强调灵魂不灭，灵魂附着于身体，肉身只是一具承载灵魂的躯壳，而死后，灵魂出壳，肉体会慢慢地腐烂，而灵魂却获得了独立的存在意义。以上这些观念为彝族的祖先崇拜奠定了思想基础。祖先崇拜属于彝族原始宗教中非常重要的一种，通过为死者举行仪式，使死者魂安，生者心安。其中最重要的仪式就是送灵仪式和安灵仪式。送灵也就是送葬，把死者埋入坟墓，入土为安。安灵是给灵魂找一个固定的"家"，以免使之到处游荡。此外逢年过节都要祭祀祖灵，请祖灵回家与后人欢度年节。正是通过安灵与送灵仪式，使得现实的家与虚拟的家，在世之人与逝去的人，阴间与阳间联系起来。

受到人世间的影响，在彝族看来，人有良莠，鬼有善恶。鬼魂的分类也加强了他们对祖灵的敬畏，在他们看来，鬼也有善恶之分，善鬼指死去祖先的灵魂，他们逐渐演化为祖灵神。但是成善鬼还是恶鬼与活着的人有密切关系，若是人死后被抛尸荒野，也无后人为之超度，那就成了无"家"可归的孤魂野鬼，最终演变为恶鬼，肆掠人间，危害后人。因此，彝族非常盛行祖灵崇拜，且主要体现在重视丧葬仪式和祭祖仪式。他们崇拜的祖灵是与自己有血缘关系的已逝先人。先人虽逝，但灵魂不灭，一部分回到祖先那里过着幸福美满的生活，一部分仍留在人世间，依附于某种现实存在，比如住屋里的祖灵牌。对于逝去的先人，尤其是对本宗族有过重大贡献的祖先，他们死后，后人将其中的一个灵魂供奉在家里。因为他们认为，只要把祖先伺候好了，祖先会用他们的智慧和谋略保佑宗族克服一切困难。随着时间的累积，祖先的庇佑时有灵验，如果灵验了，就把所有的功劳归功于祖先，并举行仪式强化，即使不灵验，也不会怪罪祖先，而是会自我检讨，认为是对祖灵有不敬之处导致的，进而又强化了对祖灵的崇拜，这样祖先自然也就演变成了祖灵神。

由上文可知，祖灵在彝族的世界观里是何等的重要，因此彝族对之倍加重视，在各方面都用最好的礼遇来待之。与住屋有关的祖先崇拜仪式，即仪式空间，具体包括两个方面：一是丧葬时在堂屋中举行送灵仪式；二是逢年过节时举行的祭祀仪式。

在任何一户彝族住屋中，最核心的空间是堂屋，而堂屋最核心位置又是供桌上的位置，这里是供奉祖先灵牌的地方。供奉祖先一般有两种方式，一种就是直接把灵牌放置于供桌正中靠墙处；另一种在墙体上造一个方形的凹洞，祖先的灵牌就是放置于里面。上文说过在彝族的鬼神观念中，人死后，有三个灵魂，其中一个留在人世间的住屋里。这个祖灵是家里的一分子，是整个住屋中众多神灵中地位最高的，从它所处的位置也能看出，乃一神之上，众神之下。所以凡逢年过节，家里有什么大小事，就是在平常家里有好酒好菜也要与祖灵一起分享。所以住屋里的祖灵祭祀仪式分为大祀和小祀两种。

"大祀"主要是指在逢年过节和遇到重大事情时举行的祭祖仪式，比如春节、清明节、火把节、中秋节等，大事如娶妻嫁女、后人事业有成、考学成功之类的。祭祀的目的有二：一是祭祀祖先，让逝去的祖先和活着的人一起享受节日的快乐，二是感谢祖先的大恩大德，保佑子孙学业、事业有成。对于具体的仪式过程几乎一致。就以春节为例，一般在吃饭前，女主人会把祖灵牌和前面的香炉擦洗一遍，在香炉里倒满玉米或是稻谷，然后插上三根点燃的香（之后才点门神、柱神、灶神等的香），在供桌的左右两边各点一支蜡烛或是油灯。然后放上各种祭品，一般是各种水果、糖果、三碗米饭、三盅酒、三碗糖饵丝。之后则是"献饭"，女主人做了一桌丰盛的酒菜（不能少于八个菜），并抬到供桌前面，家庭成员从小到大依次对着祖先的牌位磕头，并各自诉说着祖先这一年来对家的恩德，并祈求祖先在接下来的一年继续保佑家庭平安，心想事成。一般并不强制要求媳妇磕头，认为媳妇是嫁进来的，没有血缘关系。男主人会对子孙讲述祖先的各种事迹，以激起子孙敬祖、崇祖的情绪。

"小祀"主要是指平日里并没什么特殊的事或节庆的一种简单祭祀。主要是家里有什么好吃好喝的，在饭前（一般是晚饭前）夹一点饭和菜在一个大碗里，并在碗里倒满水，成为"采水饭"。采好水饭后，一般是男长子或是男家长端到院子里干净的石块或地板处倒掉，嘴里则念叨着"各位祖先……来请水饭了"。

不管是大祀还是小祀都是为了表达对祖先的敬畏和感激。祖先是与他们有血缘关系的亲人，侍奉好了祖先，祖先也会用超自然的神力在另一个世界保佑他们，若是把祖先得罪了则会受到祖先的指责。在他们所祭拜的祖先中，只有非常杰出的人物死后才会上升为祖灵神，如城子村中的昂贵土司、李德奎将军最终发展为全村的共同祭祀的神。而大部分只能是介于鬼神之间，处于精神与现实之间。从他们居室内的位置便可见一斑，处于天与地之间的供桌上或是墙洞上，与后代人一起生活，然而又不打扰他们的生活。总之，住屋内的祖灵牌是祖先的固定居所，后人通过虔诚的供奉获得庇护。

三、民族价值的载体

彝族祖先历经千余年迁徙，转战无数个地方，积淀的民族价值观在住屋中代代传承。据《泸西县志》记载，城子村古称"白勺部"，是彝族的聚居地，这些彝族源自西北的甘青地区，沿着藏彝走廊最终来到这里生息繁衍。土掌房不仅是他们遮风避雨，防寒保暖的住所，也是他们的价值载体、精神家园，土掌房存在，彝族的精神与价值也就存在。"民族的精神家园不仅寄寓着一个民族对生存的渴望，而且也表现着他们对生活意义的理解，从而使精神世界有了一种归宿感。"①由于有共同的文化价值认同，他们紧紧地联系在一起，使他们有强烈的归属感，在这里彝族人民寻找人生价值，探寻生活意义。

（一）住屋蕴含的价值观

1.彝族的建筑观

自古以来，建筑不仅是遮风避雨的空间，更重要的还是身份地位的象征，建筑是彰显权势、财富的最好物质载体，除了王侯将相的深宅大院外，一般平头百姓只要经济能力许可，都会建一座像样的住房。彝族是以农为主，农牧兼营的民族，他们一天有一半多的时间在住屋中度过，住房对他们有非常重大的意义，在他们的观念中建筑是可以看得到，摸得着的具象，也是评价一个人能力、财富地位的最直白的标准，他们说："衣服穿在身上别人看得见，房子建好摆在那里别人也看得见，吃得再好，也是装到肚子里，别人也看不见，钱装在口袋里，再多别人也看不见。"从他们的话语中，就很清楚地看出彝族人的建筑观。这样的建筑观，可以从两个角度来分析：一是社会评价标准，在彝族社会对一个家庭或者男子的一个硬性评价标准就是是否建盖了一座像样的房子，如果一个家庭能建一所或几所房子，那他会在这个社区里被认为是能干的人，并受到尊重，因此对于彝族男子而言，挣钱建新房就成了他们人生中重大目标之一；二是彝族的性格所致，彝族人讲义气，要面子，而最大的面子就是建一所好的住宅。所以在彝族社会不管经济能力如何，他们都会想尽一切办法在有生之年新建一座住宅。

2.建筑中的家族观

在彝族社会里，"家"的意识很浓，当然不是指人类学意义上的核心家庭（小家），而是扩展家庭，或者说是家族意识。这里的家族意识在村落和建筑上表现为，一个村落可能就是一个有血缘关系的大家族，在早些时候，尤其是明中叶以前，外来的汉族较少，一个村落可能就是一个小部落，他们聚族而居，对内互相

① 张文勋，施维达，张胜冰，黄泽.民族文化学[M].北京：中国社会科学出版社，1998：208.

帮组，互相支持，对外共同抵抗外来侵犯之敌。社会中作为个体的人是屠弱的，只有置于家族的保护之下才能很好的生活。彝族土掌房上下相连，左右相通，一家连着一家，村寨的布局非常紧凑，就很好地表现了以血缘观念和亲族观念形成的"大家庭"。

随着汉族的迁入，彝汉相互杂居，最初彝汉之间是存在敌意的，原来完整的"家的村落"也被迁入的汉族打破，以村为单位的"家"被分割为以姓氏为单位的"家"，形成不同血缘的多姓氏共居格局。在各个姓氏之间有形的或无形的界限将之分开。各姓氏在整个村落中又各选一块地盘集中建房，集中居住，集中生活，在民居中表现为同一个姓氏的成员之间的住宅紧密联系，一家连着一家，这样整个村落就形成若干个组团的空间形态。这也反映了彝族内向保守的性格。

随着社会的发展，小家庭逐渐从大家庭中分离出来。从文化人类学意义看这里的小家指的是扩展家庭，所谓扩展家庭是指"一个核心家庭的夫妇在他们的直系或旁系的家庭扩张方面，总共有两个以上的核心家庭"。[①] 通俗一点就是由父母与诸子及其配偶、子女组成的家庭。彝族社会是典型的男权社会，家庭是以父权制为基础的小家庭。在家庭成员中，男性长者为一家之长，负责家中重大事务的调度与安排，女性长者则负责管理日常琐事，而子女成家后，女儿嫁出去，不参与家中财产的分配，儿子均分财产。一般只要房子宽大，或是在父母老宅周围有空地，儿子也不愿意搬出去住。在三代之内一般都是生活在一起，以老宅为中心，共用一个庭院，但各核心家庭之间一般在经济、平时吃住上是分开的，只有农忙及重要事情时有父亲召集大家共同应对。三代之外则另外再组建另一个"小家"，但是这些"小家"之间仍然保持联系，同属一个"家门"，但关系比"小家"要疏远的多，一般要遇到大事，整个家族才会聚到一起，互相帮助，共渡难关。

从家的狭义概念来说，彝族的"家"在外延上不断收缩，收缩到三代以内构成的扩展家庭，三代以外成为"家门"。如果从广义分析家的概念，家门也应属于家的范畴。由于彝族强调血统的纯正性，所以不论是广义的家还是狭义的家，只要是属于这个血统之内的，遇到重要事情则不分亲疏远近，彼此互帮互助。一旦不同家族之间有冲突，一致对外，家庭成员被置于家族的保护之下。当然这样的情况现在已经绝迹了。目前主要表现为在家门之内，任何成员遇到大事或是困

---

① 庄孔韶.人类学概论[M].北京：中国人民大学出版社，2007：266.

难，都尽全力帮忙。

3.建筑中的伦理观

自明以来，泸西彝族受汉族儒家伦理观念影响深刻，内部社会发育不断完善，彝族社会也出现了等级观念。在建筑空间布局主次分明，秩序井然。从城子村中营、小营到新村的民居，其庭院式建筑增多，庭院与堂屋多位于中轴线上，厢房次序分布。我们知道儒家从道德出发来谈人与社会的关系，强调遵守社会规范、道德伦常，在彝族建筑空间布局上也表现了这样的伦理秩序。

通过长期的发展，土掌房背后蕴含着一系列的社会秩序原则，如长幼有序、内外有别、尊老敬祖、男女有别。这些原则规范着住屋成员行为的同时，也影响着空间的布局、功能的分区。从彝族住屋的卧室布局能看出他们长幼有序的道德伦理观。一般的彝族民居高两层，正房面阔三间，进深两间，明间为堂屋，左右次间为卧室，如果是曲尺型或是合院式，则还有厢房和倒座，如果家里人多，厢房和倒座也会用作卧室。家庭成员根据各自的身份地位都有相应的空间。以堂屋为中心，左边靠里侧卧室为起点，按倒"S"方向，卧室的等级逐渐降低。由此可知彝族左比右贵，里比外尊。厢房及倒座也是按此理念配置卧室的。在彝族社会，儿子结婚后，即成为家中的顶梁柱，扮演者"挑大梁"的角色，父母便退居二线，只有家中遇到大事才出来主持大局。如有多个儿子，以长为尊，其他诸子按顺序确定自己的位序。在理论上，婚后正房左侧靠里的卧室归长子，靠外归次子，右侧靠里归三子，靠外归四子，若还有更多儿子，就得住厢房了（图4-3-1）。实际上，如果婚后都住在一起是很不方便的，一些有能力的子女多会另建新

位序由高到低

图4-3-1　正房中的位序示意图

居搬到外面去住。父母一般搬到厢房单独生活，一来不打扰子女的生活，二是耳房相对紧凑，比较温馨，适合老年人的心理。虽然老人不再是家中的主角，但是在节庆、宴饮、各种宗教活动仍然拥有最高地位。

在待人接物方面彝族会按照关系亲属远近、尊贵程度安排不同接待空间。在卧室接待至亲（兄弟姐妹）或挚友，在堂屋接待朋友及一般的亲戚或一些特殊社会地位的人，而在檐廊下或庭院接待不熟悉的人。一般至亲或是尊贵的朋友直接引到堂屋中，若是到了吃饭时间则请客人上座，若是其他时间则引至火塘尊位就座，女主人会立马给尊客送上水烟筒。卧室是私密性空间，只有至亲可以进入。此外由于男女有别，男性至亲只能进男卧室，女性至亲只能进女卧室。堂屋是半公共半私密空间，其他的人最多只能至此。在堂屋以外的檐廊及庭院则是公共空间，关系一般的人或者陌生人，没有主人的邀请也就不会跨过堂屋门槛，如果主人认为没有必要请至堂屋，则会准备几个座椅给客人外面就座。也有特殊情况，如果某人被村里人认为不善，是不受欢迎的，若是进了家则会带来污秽之气，给屋主人带来不好的运势。

在"尊老"方面彝族主要表现为对长者的尊重与善待。彝族是以父权制为核心的父系家庭，男性家长在家中地位最高，女性家长地位次之，家长带领全家共同劳动，为这个家操心劳累一辈子，当他们年老体衰，理应受到尊重与善待。在合院式的民居中，堂屋居于核心地位，虽然长者没有睡在此地，但这是他们行使长者权力的地方，主要是传承文化，教育后代。在彝族社会流传着这么一句话："有吃无吃，坐上为尊"。因此在宴饮、议会、祭祀等活动时，长者尤其受到敬重，最尊贵的座席是留给他们的，正对供桌前方的席位及火塘的左前方。在就座的时候，只有长者坐定了，其他人才能就座。夹菜时，只有长者先动筷子，晚辈才开吃。老人如果喜欢喝酒，则先给长者斟酒。通过这些日常行为，对家中的成员进行分等级正名分以确定各自的位序。"尊老"是"敬祖"的一种方式，而敬祖也必然导致尊老的盛行，这是一个充分而必要条件。彝族祖先中的三个灵魂之一一直留在住屋中，通过定期祭拜，不断强化其尊老敬祖意识。

当人类有了性别意识时，就会在建筑空间中进行区别。彝族建筑自然也保留"别男女"功能。如家中的女儿长到一定年龄，父母会给她们单独置一个房间，在这个私密空间里，母亲和闺蜜或者其他女性可以入内，男子（包括父亲）不得随意进入。在火塘边上，靠堂屋门添柴火的位置是女性的专属区。随着社会的开化，现在住屋中具有性别歧视的男女界限已然消失。

通过对彝族土掌房社会空间秩序的研究发现，在父系制家庭的彝族社会，男子尤其是作为父亲的男子在家庭有至高地位。虽然彝族社会未形成像汉族社会的"三纲五常"的伦理体系，但已经有了初步的伦理思想，这种思想潜在地用于指导建筑的规划营建，保证家庭内外之间形成和谐的伦理秩序，维系着家庭成员之间的亲缘关系。

（二）住屋中的社会变迁

在城子村的大营土掌房除了地势造成高差外，其规模、格局、造型、装饰几乎一致。这样的建筑形态具有早期平权社会的特征，蕴含着平均主义思想。

平权社会就是"在经济生产上共同劳动，共同消费，生产生活资料共有，氏族内成员人人平等，或推举首领，或由母系、父系最长者任首领。"[1]"平权社会的主要特征是社会规范强调彼此分享和人与人之间平等"。[2]在财富和权力方面，个体差异和群体差异较小。在这样的社会中图腾崇拜、祖灵崇拜及调整群体内部关系的宗教祭祀仪式开始出现，随之派生出风俗习惯、伦理禁忌和习惯法等调整氏族的各种规范。大营土掌房以"一字式"为主，共性是面积和体量不是很大，体现出一种均衡和平等。大营没有高墙大院，没有小巷深宅，景观和视野都很开放，这与其他民族聚落等级鲜明的现象有着极大的区别。土掌房开窗都很小，窗子多用粗实的小木条做窗棂。总的来说比较简陋，很符合早期平权社会的特征。据村民说，大营是二十四家人用一棵龙树共同建造的，所以大营也称小龙树二十四家人。这说明早期城子村邻里关系十分融洽，团结互助。正是在这样的价值观念指引下，才有了今天小龙树二十四家人的格局。

大营的住屋形态与中营和小营明显不一样，虽然从村外远视也是一个整体，但进入到村里就会发现，中营和小营整体性不强，几户人家连在一起，中间会有小巷将其分开。相比大营，中营和小营有了等级色彩，贫富差距也显现出来。村中规模最大、气势最宏伟、装饰最豪华的当属小营的"将军第"，其次是杨家大院、苏家大院等。与普通民居形态对比，就能清晰地看到建筑所折射的阶级秩序。普通民居规模小，用料粗糙，几乎没有装饰。但通过观察发现普通老百姓的房子虽然简陋古朴，但他们的房子联系很紧密。虽然时代变迁，阶级出现，

---

① 张文勋，施维达，张胜冰等.民族文化学[M].北京：中国社会科学出版社，1998：44.

② 庄孔韶.人类学概论[M].北京：中国人民大学出版社，2007：317.

但在下层的普通老百姓之间这种集体主义，平均主义色彩还是很浓的。相比之下，"将军第"、苏家大院是那么的突兀，占据独立的空间，好像在炫耀自己的权势（图4-3-2）。

大营　　　　　　　　　　　　　　中营

小营　　　　　　　　　　　　　　小营

图4-3-2　大营、中营、小营土掌房的差异对比

（图片来源：作者自摄）

　　从中营、小营及其后来的新村民居，"位序"特征越来越明显，讲究礼仪相济，长幼有序，阶级主义思想越来越强。这与汉族的大量进驻，汉文化深入普及，尤其是儒道文化的传入有关。儒家、道家的核心思想是"天人合一"，在彝族住屋中留有深深的印迹。呈现出儒道互补的状态，儒家文化主要体现在住屋内部的人伦秩序，而道家文化则是体现在村落与外部环境的关系上。"儒家注重人伦关系、行为规范，崇尚等级名分、奉天法古，讲求礼仪教化、兼济天下；道家注重天人和谐，因天循道，崇尚虚静恬淡、隐逸清高，讲求清静无为、独善其身"。[①] 这两种文化在城子村土掌房中都有体现。

---

① 侯幼彬.中国建筑美学[M].哈尔滨：黑龙江科学技术出版社，1997：13.

城子村土掌房受道家思想影响最深的是村寨格局及环境选址。道家追求天人和谐，崇尚恬静淡雅的生活方式。在住屋中的表现则是将追求"自然的理想化"统摄到人居环境的村落中来。《道德经》第十八章说："小国寡民……使民复结绳而用之。甘其食，美其服，安其居，乐其俗。邻国相望，鸡犬之声相闻，民至老死不相往来。"这是对传统田园牧歌式生活方式的歌颂。"深山藏古寨"，长期以来城子村遁迹深山，以外界联系较少，与大自然紧密接触融为一体。

从村落的布局来看完全是按照道家的"天人观"来选址布局的，其本质是"天"的一个小翻版。道家方位观中东西南北分别对应青龙、白虎、朱雀、玄武四方神兽。① 城子村正好处在四方神兽簇拥的中间方位，正好符合古人对"天"所分的五个方位。天分五位，地分五方，左边玉屏山对应青龙位，右边月牙山对应白虎位，玉屏山高于月牙山，符合风水学中的青龙抬头，白虎驯俯。后枕金鼎山，前对自刎山，分别对于朱雀位，玄武位。可见城子村的空间位序是对"天理"的遵循，体现了"天人合一"的环境审美追求。

以道家文化来指导村落选址和空间布局有如下理由：第一，这与早期彝族的自然崇拜有关，彝族的自然崇拜与道家的天人观在本质上是相似的，都是讲究人与自然和谐共处；第二，与乡民的思想境界有关，乡民文化水平整体不高，生活简单，思想较单纯，安于"小国寡民"的社会，而小国寡民社会的特征强调与自然紧密接触，追求田园诗歌式的生活。以上这些特征好与道家的天人观相似。

儒家"天人观"在彝族住屋中也有反映。"儒家为了论证宗法人伦的天经地义与合理性，假借上天的威名，提出'在天为命，在人为性'，认为天道和人道是一致的"。② 而人道与天道的一致主要是通过尊"礼乐"来实现，"礼乐"是儒家思想的核心。儒家将"礼制"运用于家、国、人际之中形成了所谓的"宗法制度"。这种思想、制度影响到"蛮荒之地"的少数民族建筑。城子村中营、小营、新村的土掌房留下了儒家"礼制"印迹，表现为等级尊卑、长幼有序。土掌房的内部空间布局，尤其是内部空间的分隔充分表达了彝族家庭的内部结构和严格的伦理秩序观念。堂屋是彝族住屋的核心，其社会位阶最高。靠近供桌的地方距离祖宗最近，乃最尊贵之地，由从供桌到正门，位阶递减。陈设也是按照儒家的"天人观"来布置，使得"神、人、物"秩序井然。堂屋正中靠墙摆放供桌，供桌

---

① 他们是道教中专门用于镇守道观山门的护卫神，称"四象"或"四灵"。

② 唐孝祥.岭南近代建筑文化与美学[M].北京：中国建筑工业出版社，2010：100.

主要是用来摆放祖宗牌位、香炉及各种吉祥物或是神兽。这个位置是祖先的住所，地位最高。在供桌前或者是堂屋的正中，会摆放一张桌子，这是待客吃饭的地方，平时很少用。每个彝族家庭都有两个吃饭的地点，一个是灶房，一个是堂屋。当家里没有外人时一般在灶房吃，而且灶房的桌子很小很简陋（一般在一块木板下钉两块长方形木块即可），这是家常便饭。当家里有长者或是有客人造访则在堂屋中就餐，如果席位不够，则妇女和小孩不得入席。可见在彝族社会尊老是天经地义的，爱幼则是相对的、有条件的。在"尊老"面前"爱幼"也得让位。

　　"将军第"是合院式建筑，是彝汉建筑文化融合的典型案例，最能体现儒家文化的伦理秩序，蕴含着社会发展到更成熟的阶段。这座合院式土掌房是三进式院落，由于受地形的限制，做了一定的变通，首先是在正门，传统的四合院大门一般是设在第一进院落的正中，而将军第则是设在第二进院落的左侧正中，进了大门就到了二进院落，二进院落前是花厅（也是第一进院落），由于建于山坡上的缘故三进院落垂直落成较大，各进院落之间都用石阶梯连接，为了显示李将军的权势与显赫地位，克服地形所带来的缺陷，在设计时也煞费苦心。为了形成鲜明的对比，外大门很简单，似乎是有意而为之，事实上是连接内外的第一通道，但仍按照侧门的规格建造。但第三进院落的正大门则豪华气派，堪比北方四合院的"门庭"。整体观之，第三进院落才是核心所在，虽然屋顶是彝族传统的平顶，但仿汉族的重檐式建筑。正房三间明显高于耳房，且耳房的檐廊明显小于正房的，正房的装饰也比耳房丰富。

　　上文通过对"将军第"的格局、规模、装饰及造型的描述，现在将其蕴含的社会有序观逐一解剖。从规模来看，一二进院落似乎是附属的，只是为了陪衬第三进院落，之所以设三进院落，只为了与村里其他的一进院落民居形成对比，彰显李将军的社会地位；从门楼造型来看，最豪华的大门设于三进院落正中也是此目的，因为地形限制，人从唯一的侧门进入后，必须有一个明显的，能起到引导作用的标志，把人的注意力集中到一点，让人第一时间第一眼就能感受到李将军的显赫；从布局来看，三进院落呈阶梯状排列最低处的是花厅，规模小而且就一层，显然是次要之地，二进院落更简单，只有一堵墙从中间隔开，并无建筑物，这应该是为了凸显主院落而有意设计的。进入主院落，正房高于耳房，如果说主院落以外的建筑是为了彰显家庭外的社会等级秩序，那么庭院内的格局则是为了使家庭和谐，长幼尊卑有序，彰显家庭内部秩序（图4-3-3、图4-3-4、图4-3-5）；

从装修来看，第三进院落从大门开始，在门楼屋檐下雕龙画凤，极尽天工，在庭院里，窗门壁板，梁枋柱头上雕花刻草，技艺精湛，栩栩如生。相比之下前两进院落朴素的多，在与其他平常百姓的民居相比，很是奢华。

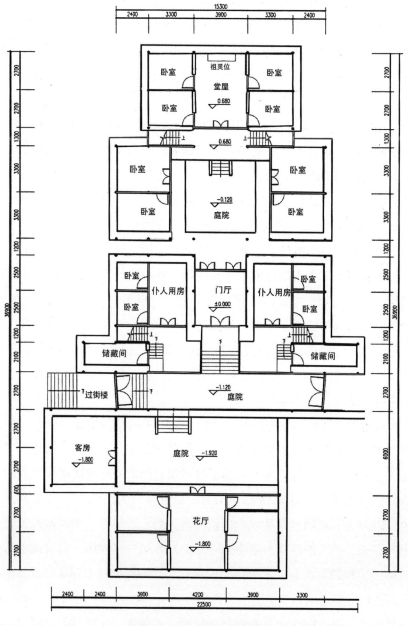

图4-3-3　将军第一层平面图

（图片来源：韦猛根据《云南彝族传统民居生成系统研究》重绘）

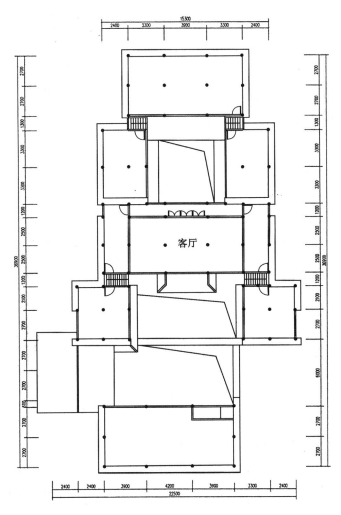

二层平面图 1:100

图4-3-4 将军第二层平面图

（图片来源：韦猛根据《云南彝族传统民居生成系统研究》重绘）

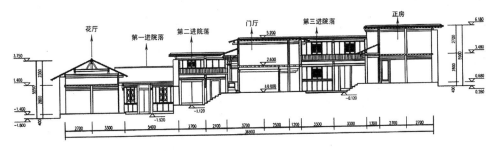

图4-3-5 将军第剖面图

（图片来源：韦猛根据《云南彝族传统民居生成系统研究》改绘）

（三）住屋折射的民族性格

民族性格对建筑的发展演变发挥着积极作用，反之建筑形态折射出民族性格特征。彝族被称为"火的民族"，热情大方、勇猛尚武、睦邻友好。这样的性格特征在土掌房上打上了深深的印记。

1. 火的民族

关于泸西彝族性格在史书中有一些零星的记载：

《弥勒州志》记载："此类性犷悍，以死为勇。"

《伯麟图说》记载："依山居，性刚，好猎……"

《广西府志》记载："在水下地方。多依大维摩山居住，食生物、生虫，犷悍为甚。"

《南昭野史》云："葛俚俚又名大头俚俚，男以青布丈许裹发为大头。女戴花线箍，婚嫁步行，妇避伯，不避翁，亦有乘马佩刀……会食以跪为敬……"

彝族火一样的性格映射在生产、生活的方方面面。在待人接物中"贵酒"[①]就是例证。酒是矛盾的化解剂，是友情的催化剂，是爱情的粘合剂。酒在化解矛盾、结识朋友、升华感情及各种节日庆典、婚丧嫁娶、起房建屋等各种场合是不可或缺的。彝族舞蹈大三弦、刀叉舞等也处处彰显着其阳刚之美，其动作大开大合，尺度之大，力度之强劲，又跑又跳，激情无限，热烈奔放。

彝族热情好客，在他们看来客人的到来，是好运的征兆。如果提前知道有客人要来，定会派家里最有威望的人去村口迎接，女主人则张罗饭菜。尊贵的客人一定要引到家中堂屋，彰显客人的尊贵。男主人找最干净的草墩请客人就座，然后提出水烟筒，用自己栽种的上好烟丝请客人"抽锅烟"，缓解一下路途的疲劳。男主人一直与客人攀谈，生怕些许怠慢。吃饭的时候，主人请尊贵的客人上座，然后全家共敬客人一杯酒。在丰盛的酒菜中，老火腿是必备的。泸西永宁乡一带腌制的老火腿是相当独特，非常鲜香爽口。据村民说在土司时代，火腿是土司专享的，百姓很难吃到。现在条件好了，有客人到来，一定要让客人享受一下土司的待遇。这样的宴席在城子村被称为"土司宴"（图4-3-6）。

以前村民生活清苦，家里少油少肉。但客人到访，邻居会主动帮忙，家里若缺什么，也会鼎力相助。在吃饭过程中女主人要随时留意碗里的菜，随时加菜。

[①] 在民间有"汉人贵茶，彝人贵酒"之说。

图4-3-6 城子村土司宴

（图片来源：高明生摄，城子古村管理委员会提供）

男主人不仅与客人攀谈，还要留意碗里的酒是否斟满。若客人要住宿，也是用最干净的床被，最宽敞的房间招待。客人要走时，全家人挽留，实在要走，也要挽留再三，走时送上自家的土特产，并送到村口方才罢休。

　　彝族性格像火一样猛烈、炽热，是我国最强悍的少数民族之一。在历史上以其彪悍的性格建立了雄峙西南的罗甸国、自杞国政权，在近代形成了以龙云、卢汉为首的彝族地方势力，统治云南长达22年之久。作为"火的民族"，彝族勇猛尚武，以战死，马革裹尸为荣。在《南诏录》说："前伤者养治，后伤者斩"，军事训练极为严格。三国时期诸葛亮收服孟获，孟获统领的南中劲旅作战勇猛被称为"飞军"，彝族"自杞国"军民面对元朝军队的进攻，誓死抵抗，直至战死，惨遭灭国灭史。这也就是人们熟悉大理国，对自杞国陌生的重要原因。在近代抗日史上，黑虎将军张冲率领滇军将士（60%都是彝族）血战台儿庄，令鬼子闻风丧胆，为台儿庄大捷奠定了重要基础。因作战勇猛，日军称滇军为"南蛮军"。这既是对滇军军风的一种肯定，也是彝族火一样的性格的反映。

2.和谐社会

　　土掌房层层衔接、户户相通的，大面积的屋顶平台为群体的交流、沟通、休闲娱乐提供了空间，这有助于促进邻里关系的融洽。

　　由于彝族对外热情好客，对内团结一致，彝族人际关系和睦。在彝族社区，至今仍然能够感受到有福同享的平均主义痕迹，如一家宰猪，全村宴饮，这也是彝族狩猎时代共同分享猎物的遗迹。彝族社会内部很少有打架、斗殴、偷窃的现象，当有外敌来犯时，对内团结一致，对外血亲复仇。

在泸西不少村落的建筑都随着时代的变化而变化，而城子村的土掌房历经几百年，仍然是村民钟情的对象。原因之一在于土掌房对内不设防。整个村落家家相连，户户相通，你家的屋顶是我家的庭院，我家的庭院是你家的屋顶。几百年来，村民可以随意走动，互通有无，彼此交流，大家和睦相处，彼此帮助，民风淳朴，真乃当世之"桃花源"（图4-3-7）。

黄光明 摄　　　　　　　　　　　牟炳文 摄

李明先 摄　　　　　　　　　　　康关福 摄

图4-3-7　和谐家园

（图片来源：城子古村管理委员会提供）

建房是彝族人一生中的大事。在规模小的村落，不管谁家建房，村民都会格外重视，一家建房，全村帮忙。参与建房的所有帮工，除了外请的石匠、木匠师傅及毕摩需付工钱外，其他都是义务工，主人只需提供吃食即可，这些义务工多是自愿参加的，有时来的人太多，以致工地都站不下。到了竖房立柱这天则全村出动。如果村落规模大，主要是本家族的成员及部分村民参与建房，也都是义务工，无需支付工钱。在这样的熟人社会彼此互助，俗称"换活"。这是一种典型的互惠互利模式。这种互惠模式跟今天建立在追求市场共赢中的互惠是不一样的，它是基于情感，并由情感引发的互帮互助，功利色彩较少。

除了立房建屋这样重大事情需要彼此帮助外，在日常生活或者日常琐事，村民们依然是互助的。帮忙不分大小事，比如农业生产需要农具可以互相借予使用。谁家来了客人，急需柴、米、油、盐、茶等生活必需品，也无需害羞，邻居也会热情相助。在日常生活中"串门子"是习以为常的事情，左右上下相连的土掌房，为村民的日常交流提供了方便。

3.土掌房的性格

彝族人热情大方、勇猛彪悍、重视邻里的性格潜移默化的沉淀在聚落营建、建筑构筑中，形成彝族性格与土掌房性格的同构性，即实现主客体的同一性。

生活于特定文化环境中的彝族人民，世代传承着族群性格的基因，这样的民族性格以土掌房为载体代代相传。土掌房是彝族的象征符号，具有典型的民族识别性：层层叠叠，集中连片，如梯田、如台阶、如蜂窝、如布达拉宫……这便是人们对土掌房性格的初步直观印象。

从形态看，彝族土掌房线条硬朗、棱角分明、风格质朴，其造型显露出彪悍、粗犷之风，与傣、壮、水等民族以轻盈通透的干栏式建筑形成鲜明对比。傣族素有"水的民族"之称，其干栏式建筑自然展现其阴柔之美，相反彝族被称为"火的民族"，性格强悍，在生活中表现为疾恶如仇，仗义急难，热情好客，团结互助。不管哪家遇有大事，如婚丧嫁娶、起房盖屋等，常常是一家有事全村帮。为了适应这样的文化环境，彝族土掌房也向着彝族性格方向生长。在平面布局上以方形为原型进行衍化。通过对城子村土掌房平面进行抽象简化，我们会发现，整个聚落由若干大小不等的"方面"组合而成。由于少有双坡屋顶，四面墙体及第五立面——屋面，皆为"方面"，外墙体中少有窗子，整体观之，显得干净简练，面与面相交的线条笔直，十分硬朗，在搭配黄色的土材，增加了力量感、厚重感、稳重感，这难道不就是彝族性格的再现吗?（图4-3-8）

从装饰看，土掌房的石雕也突出彝族刚毅硬朗的性格特征。主要以线条硬朗、厚重的"方体块"形式出现，建筑装饰的形式风格稳定。普通人家的门礅石、门枕石、走檐石、垂带石、踏跺石通常都是打磨成方体块。大户人家的石雕是在方体块的基础上雕凿成有束腰的须弥座。须弥座形式繁简不一，垂带石端部、门枕石的须弥座一般是平素的，少数门枕石的束腰上刻有如意纹。苏家大院、昂土司遗址、将军第等建筑的门礅石都统一做成有束腰的须弥座形式，在束腰的正立面和内侧面都雕有反映忠、勇、孝、义，农耕的人物、动物图案（图4-3-9）。在转角处雕成"竹节"的形式，上下枋、上下枭基本为平素。柱础

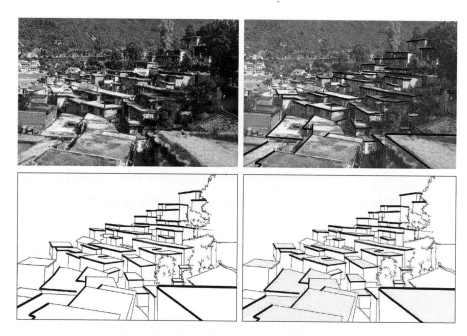

图 4-3-8 土掌房屋顶线、面特征提取

（图片来源：李玺.传统土掌房建筑风貌及布局特征活化研究[D].四川美术学院，2019.）

的风格相对丰富，有长椭圆、横椭圆、八边形椭圆及组合型等。其中就有将柱础底部做成"工字型"的须弥座，其上承托圆雕的石狮子，形成组合型的柱础（图4-3-10）。可见方体块及方体块的须弥座是村寨中最常见的石雕造型。

图 4-3-9 苏家大院"工字型"门墩石

图 4-3-10 "工字型"须弥座承石狮

通过走访很多泸西村寨，发现这是该地区形式上共有的审美取向。彝族被称为"火"的民族，对厚重、简洁的造型，富有力感的线条尤为偏爱，并积淀为稳定的审美心理，且这种造型与土掌房有异曲同工之妙，土掌房也是以简洁的线条、体块的形式组合成建筑群。所以我们可以得出结论：泸西石雕稳定的形式美风格是彝族长期形成的审美心理结构的物化反映。

　　土掌房除了"硬汉"风格外，也有保守的一面。这既是封闭地域环境塑造的结果，也是彝族文化自身的选择。历史上彝族经历了长达数千年的大迁徙，在迁徙的过程中遭遇无数次战争，苦难的岁月磨炼出了"坚韧不拔、刚毅粗犷、豁达豪迈"的民族品格。这样的民族性格成为了团结族众的精神纽带，在心灵深处形成强烈的"我族"与"他族"的观念，不自觉的抵制"他族"的同化。形成对内的保守性格。从生计方式看，从早期的游牧、旱作，到后来的农牧兼营、稻作，彝族被牢牢的固守在土地上，土地的稳定性，促成了彝族强烈的内向保守性及对故土的依赖性。土掌房整体的群落特征及内部紧密的空间联系，反映了彝族内部的保守性及对群体的依赖性。

第五章

土掌房的审美多维性

历史的标本，农耕的痕迹，似乎渐行渐远。然而城子村——这颗遗失在滇东南阿庐大地上的明珠，以其独特的风貌特征、优美的景观环境，深厚的人文底蕴彰显着他的审美价值。土掌房作为中国民居建筑的特有类型，已经进入建筑审美鉴赏视野，成为建筑美学研究的对象之一。在土掌房审美活动过程中，首先引起审美注意的是其形态美，其次是对所处环境的审美感知，最后对其历史文化的深度体验，感悟其中的人文意蕴。土掌房由形态美、环境美、意境美构成"三位一体"的审美内容。作为彝族认识世界、改造世界的产物，土掌房不但为其遮风避雨，而且还是"有意味的形式"，不仅是彝家人的精神家园，而且还是中国传统建筑艺术中一朵奇葩。

一、土掌房的形态美

人类创造的各种建筑是"依照美的法则来生产的"。人们观照建筑艺术所获得的美感，所获得的审美体验，首先是来源于客观存在的外在的形式。"舒适、别扭、恐怖、惊讶……这是视觉神经反映的直接情绪；质朴、刚健、雄浑、纤秀……这就进入了初步的审美判断。所有这些主观的感受，无不是建筑的序列组合、空间安排、比例尺度、造型式样等外在形式的反应。"[①] 黑格尔在论述艺术发展史提出象征型、古典型和浪漫型三个阶段，象征型艺术的典型代表就是建筑。他认为"象征型艺术理念找不到合适的感性形象，因此物质多余精神，形式大于内容"，[②] 也就是说建筑艺术的美首先在于奇特的外在造型，强调的是美对于客观物质形态、材质、色质、结构、装饰的依赖。此外在奇特造型构成的各元素应该统一和谐。否则"造型"再怎么奇特可能会给人混乱、无序之感。

---

① 唐孝祥.美学基础[M].广州：华南理工大学出版社，2007：256.
② 唐孝祥.美学基础[M].广州：华南理工大学出版社，2007：182.

（一）土掌房的建筑语汇

形态美"是由美的外在感性形式经过长期的生产和生活实践，隐去其所涵盖的具体的社会内容，逐渐演变而形成。"[①] 人们按照形式美的法则创造建筑，而形式美法则"就是按照一定的秩序组织起来的色彩、形体、声音，艺术地传达情感，并给人美的享受"。[②]

建筑是人类利用建筑材料按照力学原理及美的法则营造的三维物质实体。力学原理表现于建筑结构中，符合力学原理的结构表现出一种结构美，而结构美是构成形态美的基础。附加的、外在的装饰美是以结构美为基础的，结构与形式的统一，构成建筑形式的各要素，如空间布局、结构形体、色彩质感及点、线、面等的组合使得整个建筑主次分明、布局得当、比例匀称、色彩和谐、节奏有律。城子村的土掌房群落不管是色彩、材质、体形，还是布局、装饰处处弥漫着和谐、唯美的气息。正如黑格尔所说建筑的特征在于庞大的体积、奇特的造型及由此造成的崇高风格。庞大的建筑体量长期矗立着，能够引起观赏者情绪的复杂变化。规模巨大的城子村土掌房顺山势修建，既充分利用了飞凤山的气势，也凸显了自身的巍峨。经过历史的积淀，岁月洗礼，屹立至今，甚为壮观，易使观者的情感产生强烈冲击，引起各样的情感变化，产生各种联想、想象，进而对彝族先民的卓越智慧所叹服、敬畏。

建筑语汇即是构成建筑的元素，主要包括点、线、面、体、材质、色彩、光影几方面，及在此基础上引申出的内在意义。几何中的"体"是由点、线、面、构成的四点、六面、八线的三维立体空间。建筑中的"体"主要由三大元素构成，分别是点、线、面。土掌房建筑原型的几何图形是"方体"。在建筑中"体"使空间成其为建筑，是建筑语汇中的核心语汇，其他的所有语汇皆依附于"体"。"体块"是由巨大的实体构件构成的三维空间，给人以安静、沉重、稳定之感。这也是形成土掌房厚重性格的重要原因（图5-1-1）。

建筑中的"点"与几何学中构成"体"的点不一样，这里的"点"是建筑中吸引人眼球的焦点，或者说是在建筑中起标明位置，聚焦视线的点。这个"点"虽小，但整个建筑中往往能起到画龙点睛的作用。城子村土掌房屋顶上的"粮食

---

① 龚维政等.中国传统建筑的形式美分析[J].福建建筑，2005.（5、6）.
② 龚维政等.中国传统建筑的形式美分析[J].福建建筑，2005.（5、6）.

图 5-1-1　土掌房语汇之一"体"

（图片来源：作者自摄）

墚"就是这个"点"。粮食垛呈桶状且略有收分，它是用葵花杆或者竹子编制而
成的，圆弧面呈棱子状，在垛顶为防止雨淋湿，村民会盖一张塑料纸，也有的上
面用稻草扎成一个近似"圆攒尖"式的草顶。草顶的顶端把稻草往下折成一个弧
度，并用一个绳子扎紧，形态格外的醒目。粮食垛本来并不属于建筑的一部分。
他只是村民周期性出现的临时粮仓，几百年来村民一直延续这样的做法，并形成
传统。村民取完粮食，就会被拆除。因此它们的寿命最长的也不会超过一年，一
般也就几个月。但是各家取粮食的时间不是统一的，所以一年四季都能在平顶土
掌房上看到粮食垛。只是在收获的秋天最为壮观，春季次之①，整个屋顶密密麻
麻都是粮食垛，蔚为壮观。使得平淡无奇的平顶土屋面变得热闹非凡，富有生
气，使古老的村寨焕发生机。从审美的角度来看，它成了视觉与心觉的中心，不
同的人在不同的位置、季节看了会有不同的想象，有的人说它像山上的鸡枞（蘑

---

① 特别说明：在泸西一年农作物分春秋两季，秋季是大丰收的季节，当地称"大春"，春季是
　小丰收的季节，当地称"小春"。

菇的一种），有人说像头戴篾帽的老农，又有人说它像昂土司的蛮兵，威武雄壮地站在屋顶正准备迎接来犯的敌人……（图5-1-2）

陈艾林 摄　　　　　　　　　　　李政权 摄

图5-1-2　土掌房语汇之一点：粮食垛

（图片来源：城子古村管理委员会提供）

线，简而言之就是点移动的轨迹，主要是直线和曲线两类。上文说过土掌房是方体的各种衍化。因此土掌房主要是以直线条为主，曲线为辅，如彝族性格，既直又硬。土掌房的屋顶平台层层叠叠，使得横向的水平线格外突出。直线有阳刚之美，是男人的线条，挺直、刚毅、有力。曲线有阴柔之气，是女人的线条，蜿蜒、流动，柔媚。历史以来，在彝族社会崇尚阳刚，阳刚之气就是土掌房的灵魂所在，土掌房的"体"就是彝族男人身体的化身。屋顶就如男人的腰板，富有力感。曲线在土掌房中表现极少，除了圆形的柱子、木楞外，就只有圆形的粮食垛。虽然曲线不多，但他们的存在使得整个土掌房生硬、紧张、阳刚的气氛柔和了许多，获得一丝丝舒缓、平和之感，使沉重的土掌房活起来，动起来，充分展现出生命的律动感，使得土掌房固有的力量美更加凸显（图5-1-3）。

屋顶面是土掌房的一大特色。顶面有平面、曲面、斜面之分，平面屋顶占绝大多数，从美学来说，平面能给人平静安详的审美体验，能让人联想到平静的湖水，宁静的乡村生活。从现实来说，平面屋顶是村民的晒场，也是他们日常活动

图5-1-3　土掌房建筑语汇提炼

（图片来源：底图来源于城子村宣传册，作者翻拍并改绘）

的场所，村民和睦相处的融洽气氛及节日庆典的欢快都能给人以美的享受。曲面在村中并不多见，主要是瓦顶曲面和斜面。在"一字式"民居中正房是双坡瓦顶曲面，屋脊两端有向外翘起的角，打破平屋顶的沉寂，增添了不少的活力，使得整个建筑流畅、舒展。斜面主要是位于民居前面的檐廊处，为单坡斜面，前低后高，出檐较远，高度适中，很接近人，给人亲切、实在的感觉。瓦面呈波浪形，给厚重、规整的空间带来了变化。

　　自然主义美学的代表人乔治·桑塔耶那在对美进行分类时，提出的第一类美就是"质料美"，说直接诉诸于人的感官的各种事物的物质材料之美就是"质料美"。而且形式美是建立在"质料美"的基础上的。质料美就是我们通常所说的肌理美，肌理就是材料本身具有的纹理、色彩等特性，任何材质都有肌理，不同的肌理能产生不同的审美感受。土掌房主要由土、木、石三种材料构成，三种材料有各自的肌理特征。石墙分内外，外石墙以粗糙的毛石墙为主，用料硕大，很少用黏合的泥沙，缝隙完全暴露，原始粗犷，富有力量感。内石墙做工精湛，无缝隙，表面平整光滑，质地精美。土墙、土顶、土地板为当地的白泥土（微黄），彰显了泥土质朴、厚重之美。土掌房外墙的柱子和屋顶出檐处露出的原木，经过简单的加工，还留有斧凿之痕，木材的纹理及斧凿之痕显示了原始的粗犷、朴素美。建筑艺术不仅仅是人为的装饰美，而且还包括材料本身的质地美。通过不同的加工方式发掘不一样的肌理美，比如运用刨子、锯子、斧子的刨、锯、砍、凿及现代的抛光技术，使得材料本身的质地和色彩充分显现。

色彩是最适合表情达意、最能引起人情感波动的设计手法，具有"先声夺人"的特点。"远看山有色"，欣赏任何美景首先是色彩的冲击，然后才是"形""声"。我们在生活中都会有这样的经验，某个对象形体很普通，但是色彩搭配却很好，使美感大增。在审美活动中，颜色对美的表现力一般形式是无法代替的。城子村的土掌房以黄色为主色调，这与彝族的文化有关，彝族以黑为尊，以黄为美。可能有人会说既然是土房肯定是黄色，的确在大多数人的意识里土是黄色的，然而泸西以酸性的红壤、砖红壤为主，素有"红土高原"之称，地域建筑理应体现这一特征。但是"红土高原"并不意味着土壤颜色的单一性。城子村就有黄色的胶泥土，甚至白泥土，土掌房选择黄色调是符合彝族人传统的审美习惯。除了大面积的黄色，还有其他颜色材料点缀其间，相互衬托，更显土掌房的稳重、古朴，体现了彝族土掌房独特的文化内涵及审美特征。

（二）土掌房的装饰美

装饰是建筑的重要组成部分，但脱离于建筑整体的装饰，即使本身多么的精美，也只会成为建筑的累赘，反而破坏了整体的统一风格。因此为了获得和谐统一的效果，必须主次分明，确定重点装饰部位，运用合理的装饰技术，采用合理的装饰形式，选择合适的装饰题材。

1.装饰形态

城子村历史悠久，土掌房的彩绘、油漆已多被岁月冲刷脱落，显得古旧斑驳，而且缺乏史料支撑，对装饰色彩研究存在困难。本节围绕着存留较多的雕饰展开分析。

历史以来建筑都强调借助雕刻、雕塑来彰显自己。雕刻既能起到装饰美化的效果，给人美的享受，也能够表情达意，表达审美理想，反映社会变迁。城子村中木雕和石雕比较有名，除了精湛的雕刻技艺，美轮美奂的造型外，还有深刻社会内涵的雕饰题材。绝大多数土掌房中都能看到木雕，但有繁简之别，一般在门、窗处刻简单的如意纹或回纹，梁、枋端部则雕一只展翅的凤凰，大都很简单。木雕最有名的当数将军第、昂土司遗址、张冲旧居、苏家大院的门楼、窗、檐枋、大梁、柱头。"将军第"的门楼为八角飞檐，飞檐下门楼的木结构严谨有序，三块花枋呈倒阶梯错落分布，枋板上雕刻形式各异的精美图案，花枋上密布着斗栱，三排斗栱井然有序，显然不是为了挑檐，而是为了获得好的装饰效果。所有斗栱都雕刻成展翅的飞凤，但两翼雕刻有花草，这些雕刻均为镂雕。在正中的一块纵向长方形的木板上刻有"将军第"三个楷书大字，笔力苍劲古拙。在门框上方的左右角落处有做工精细的雀替，其上雕有喜鹊腊梅，在厦廊的檐枋上有雕工古朴的深浮雕，正中处雕有"飞凤朝阳"的图案，窗子上雕有腊梅牡丹。在厢房处有垂花柱，柱头雕有莲花形图案。灵威寺的木雕也很丰富，如"渔翁得利""飞凤朝阳"等（图5-1-4）。

图 5-1-4　精湛的木雕工艺

（图片来源：作者自摄）

在村里石雕几乎每户都有，只是规模大小有别。但大都在大门处和庭院内部，主要是位于礓磜、走檐石、柱础、大门处的石门枕。村里的石雕以浮雕为主，圆雕为辅，内容丰富，造型别致。浮雕有"起舞图""大禹治水图""寿翁图""大禹耕田""二十四孝""八仙图"及各种奇花异草。圆雕有石虎、石狮等。在"张冲故居"发现分两段的垂带踏跺，在每段头部都有精美的浮雕。此外还有壁画，如三国志图，钟馗捉鬼图等。

城子村土掌房的装饰主次分明，针对性强，装饰重点为门楼、庭院、厦廊、堂屋、屋脊及墙体六处。门楼是对外的第一个焦点，在整座建筑中具有重要地位。门楼的豪华程度显示着主人的社会地位，大户的门楼往往豪华大气。门楼有简单复杂之分，简单的就在门上方建短的单坡瓦面，门框及上方的门楣没有任何装饰，全是素板，只是在门心处做简单的如意纹，外围再勾刻一圈方形的线脚。将军第的门楼装饰豪华气派，上面八角飞檐，门楼的瓦屋面用青色的铜板瓦铺就，整齐有序，前面的瓦当刻有仙鹤的图案，两角向上翘起，整个门楼有腾飞的感觉，使得沉重的土掌房轻盈了许多。封檐板上刻有波形图案。飞檐下装饰有精美的木雕，三层雕花坊轻盈通透，斗栱相互叠加，且花坊、斗栱都做精美的雕刻，且都是镂空，显得玲珑剔透。下面基座为须弥座式样，上雕有"麒麟送福"等主题。将军第的雕饰被历史冲刷已失去昔日的光泽但依然飞檐高翘，斑驳厚重的墙体依然矗立，精湛的镂刻技艺仍然捍卫着历史的尊严。在门楣上刻有花草虫鸟图案，门楣下则是雀替，雀替上雕有喜鹊腊梅。大门两边的墙是青砖砌筑无图案，但是青砖体积硕大，无形中为大门增添了力量感。在大门下部左右两边各有一个石门枕，石门枕略成八字形展开，有迎纳四方之气势，在石门枕上雕有各种图案（图5-1-5）。

图5-1-5　灵威寺门楼

（图片来源：作者翻拍于城子村壁画）

灵威寺门楼为八字朝门，台基高筑，从上到下由木结构、砖结构、石结构组成。檐下木结构部分的花坊、挑梁、檩子重施彩绘，十分精美，檐角飞翘，气势雄伟。砖结构部分较为朴素，在上部做成叠涩状，两根方形砖柱明显突出，砖柱两侧为两面花墙，墙心白色，边以"如意"线条装饰。其下为须弥座式台基，总体朴素，只是砖柱下部雕有穿"虎皮战甲"的蛮兵图。

庭院是一家的活动中心，是对外的第二个焦点，因此庭院的装饰既要符合日常生活的需要，又要满足主人炫耀心理需求，所以庭院装修既温馨又不失气派。庭院是由正房、厢房、倒座围合而成的内向空间，它的装修主要集中于四周的檐廊处，包括梁、枋、柱、门、窗、走檐石、台阶、柱础及庭院中间的石板。庭院内，木装修主要是檐廊部分的梁、枋、柱、门、窗。至于楼层上方的檐口部分，由于位置高，不易看见，几乎无装饰，仅将挑出部分的梁、枋的端部棱角削圆，或雕以简单的线口，重点集中在下部的檐廊处。由于年代久远，屋主人几经更替，村民的保护维护差，胡乱改造，表面多覆盖油烟。幸运的是梁枋之间的精美木雕依然存留，在枋板上雕龙凤、刻花草，如回纹、龙首、卷草等，并在枋的左中右各有一个"飞凤朝阳"的木雕，均为镂空后镶嵌到枋上，在厢房厦廊垂柱雕花。至于门窗是连为一体的，位于正房底层明间，外表看上去就像六扇格子门，他们的造型相似，不同的是正中这两扇格子门稍微宽大一些，花窗的图案也是多种多样，如格栅窗、"亚"字型、"丁"字型等，其上多嵌入雕花（图5-1-6）。此外在外墙还有小木窗，有可活动的双扇开启式的，也有固定的方格窗，造型都很简单。

图5-1-6　花窗

（图片来源：作者自摄）

　　庭院内的石装修涉及土掌房的基座部分，包括石阶、柱础、走檐案板石及庭院石板，所有的石装修都是采用"细劈"法，技艺精湛。柱础有四、六、八边形、圆形等各种形状，在其表面雕有各式花纹图案，并配以文字解说。走檐案板石的立面一般会雕刻写实的花草树木。石踏跺是村里的一大特色，只要是合院式的民居都会在庭院与厦廊正中连接处建一个垂带踏跺，在垂带处雕刻各种神兽，一般是虎、狮、龙、风等吉祥物。庭院正中的天井地坪则是用打磨平整的石板铺就，虽然没有在上面刻意的雕刻图案，但人工打磨的痕迹使得它古朴典雅。

堂屋内部已经被现代文明改造的面目全非，陈设也以现代化家具为主，两侧墙上贴画都多为现在的偶像明星。正对里面的山墙内侧依然是神圣空间，上悬挂"天地君亲师"匾额，也有供奉伟大领袖毛主席的画像，供桌大多还保留。隔断有木板和土坯之分，从室内的柱础还能看到各种雕刻图案。除此之外并无什么新意。

土掌房以平顶为主，并无装饰，仅在双坡瓦顶土掌房有简单的装饰，在屋脊的中部用瓦堆砌成拱状，两端则用瓦重叠起翘，使整个屋面变得轻盈，充满了生气。

2.装饰内涵

民居建筑通过有限的装饰图景表达丰富的意义，可以是反映主人的审美趣味、艺术爱好，也可以借物抒情、言志等。城子村土掌房中的装饰艺术突出表现在木、石雕方面，装饰题材丰富且意义深刻，题材内容主要有传统文化中的历史典故、神仙人物、各种神兽、花草树木及抽象的几何图案。这些题材根据内容可以概括为三类：一是教化题材；二是反映追求美好生活的题材；三是反映寄托理想的题材。透过这些装饰题材，可以折射出彝汉融合背景下城子村的文化变迁，映射出村民对美好生活的向外及人居审美理想。

教化题材大都取材于传统文化中的历史典故如"二十四孝""大禹耕田""大禹治水图""渔翁得利"等。石雕、木雕都有反映，见多于柱础、石门枕、踏跺、走檐石、梁枋柱头处。这些历经几百年保存下来雕饰反映了当时匠人不仅技艺精湛，而且有一定的人文修养。石雕、木雕构图饱满，技法洗练，刚劲有力，石雕多采用浅浮雕，也有采用圆雕与镂雕相结合的手法，如昂土司遗址正房前的檐柱柱础就是一只猛狮。木雕则是以深浮雕和镂雕为主，不管是人物、动植物其造型以写实为主，形象逼真，但并不生硬死板，略有夸张变化而显得传神写照，活泼生气。城子村的雕饰有一个共同特征就是层次感和立体感十分明显，客观反映了当时泸西石匠、木匠已经具备了高超的建筑装饰水平。

如果说装饰水平体现的是泸西匠人的精湛技艺，那么装饰内容与题材则反映的是泸西彝汉文化融合背景下的历史变迁及文化传播。城子村的装饰题材很多是内地汉文化中的经典典故，有着深刻的教化意义。题材大都符合传统道德标准的仁、义、礼、智、信。大禹是中国历史中家喻户晓的人物，"大禹耕田图"反映了封建社会的农本意识。"二十四孝图""麻姑献寿图""三英战吕布图""姜太公钓鱼图"强调的是要向先人学习重视孝道、忠义等儒家思想。此外还有其他许多具有教化意义的雕饰题材，涉及方方面面，在潜移默化中教导人们如何为人处世，提高道德修养（图5-1-7）。

图5-1-7　石雕：反映教化题材的石雕

除了教化意义外，装饰题材反映最多的是人们对美好生活的向往，追求平安、吉祥、幸福、健康、长寿的理想。因此反映福、禄、寿、喜、财（五福）的祥禽瑞兽、奇花异草及神话传说的内容比比皆是（图5-1-8）。作为彝汉杂居的村落，城子村有反映彝汉文化交融的瑞兽。这与彝族的图腾崇拜有关，如狮子、老虎、麒麟、仙鹤。老虎是彝族的图腾，也是彝族的祖先，图腾能驱魔辟邪，保佑子孙后代平平安安，所以不少人家中摆放石虎。麒麟、狮子、仙鹤则是受到汉文化的影响所致，麒麟与石虎大多摆放于家中的供桌或屋檐处起到镇宅驱邪的作用。石狮子除了陈设外，还用于柱础。昂土司遗址的檐柱柱础就是圆雕的石狮子，威武雄壮。在"将军第"屋檐处的瓦当上刻的全是仙鹤，寓于主人松鹤延年，寿比南山。

土掌房的雕饰中还有各式奇花异草，有的能叫出名，有的叫不出名。能叫出名的如青松、牡丹、腊梅、兰花等。在石雕中走檐案板石、柱础上多刻有奇花异草。在人物、动物浮雕的边框处则是抽象的花草造型。这些奇花异草的装饰题材除了审美需要外，还寓意松鹤延年、竹报平安、花好月圆、大富大贵、平平安安、健健康康等。

图5-1-8 石雕：反映美好生活题材

　　建筑装饰也是寄托理想的载体。城子村似乎与飞凤有不解之缘，村子所坐落的山叫飞凤山，在神话传说中城子村有一位最早的神仙叫飞凤大仙，在村子的历史上有一位隐士号飞凤山人。不仅如此，在城子村土掌房装饰中随处可见"飞凤"的影子。土掌房檐部大多装饰有"飞凤朝阳"的木雕。在立面挑檐梁头的端部被做成展翅飞向远方的"飞凤"。在"将军第"除了梁头的飞凤，在门楼处的斗栱有意做成飞凤的造型，在厦廊的明间檐枋处有三只镂雕的飞凤。城子村如此高频率的出现飞凤，不能说是巧合，应该是长期以来形成的审美认知。笔者对此作了专访，村民告诉我"飞凤朝阳"表达了城子人向往外面世界，要走出大山，去外面开拓眼界的理想（图5-1-9）。

图5-1-9　木雕：飞凤朝阳

（图片来源：作者自绘）

（三）土掌房的形式美

彝族建筑在发展演变过程中，不断地受到自然的启示，"他者"文化的影响，并结合自己的思维方式、审美心理形成了建筑形式规律。本文以美国著名建筑学家托伯特·哈姆林提出的"十大建筑形式美法则"①为理论依据，从对比、韵律、均衡、稳定、群体组合五方面探索彝族土掌房的形式美。

1.对比之美

由于地形、人口、功能、经济实力的原因，建筑的体量大小不一、造型各异。乡土建筑是务实的，强调内空间与外在形式的统一，内空间存在差异，相应

———————
① 托伯特·哈姆林的十大形式美法则：统一、均衡、比例、尺度、节奏与韵律、布局中的序列、规则的和不规则的序列设计、性格、风格、色彩。

的体现在外在体量上。城子村土掌房巧妙地利用了这种内空间的差异造成的对比，使得土掌房富于变化，充满生气。建于山坡上的土掌房，受地形限制，规整的几何形体量很少，大多是基于规整几何形体做灵活变通。等高线的不同，致使建筑体量高低错落，鳞次栉比。特色之一是屋顶的圆形粮食垛。粮食垛是随机的置于屋顶，与方形土掌房形成鲜明对比。可见土掌房最明显的对比是造型的对比：大的、小的、高的、低的、方的、圆的、规则的、不规则的使得土掌房群落变化多端，对比鲜明（图5-1-10）。

图5-1-10　造型、体量的对比

（图片来源：作者自摄）

除了造型、体量的对比外，色彩的对比也为城子村土掌房的景观增色不少。色与形比，色是第一，形是第二，色彩最具表现力，色有"先声夺人"的效果。城子村的土掌房呈现给人的是自然的色彩，但这种色彩是经过岁月的洗礼，既鲜明又质朴，还透漏出淡淡的古旧气息。土掌房以土木石为主材料，其中泥土色是城子村的主色调，而泥土是当地出产的夹杂着淡黄色的白泥土，这是一种暖和、温馨的色调，能给人安详、宁静的享受。土黄色是土掌房的主色调，但是又不限于土色，其他各种色调点缀其间，形成鲜明的对比。从宏观看，蓝天白云、青山绿水构成的自然色与土墙、土顶构成的泥土色形成两大对比。从微观看，其他各种颜色点缀与泥土色中，如白色、淡黄色、绿色、青色等，通过不同色调搭配营造出和谐的气氛。

2.韵律之美

土掌房层层而上，空间母题不断重复与再现，勾画出无数根线谱，如一架古筝，在蓝天白云之下，青山碧水之间演奏一首美妙乐曲。空间母题的重复出现，使建筑获得一种秩序感和韵律感。虽然有重复、单调的嫌疑，但是以一定规律的重复与再现，则会产生和谐的韵律。城子村的空间母题概括为构成土掌房"体块"、线条及粮食垛。这三大空间母题有规律的重复与再现，使得村落的整体轮廓线获得极其优美的韵律感。

谢林在《艺术哲学》中说"建筑是凝固的音乐"。宇宙因有节奏、秩序而显得和谐，建筑因有韵律而成其为艺术。因为有了韵律建筑获得了生命，韵律周而复始，生命在其间流动贯穿。栋栋土掌房是一首首歌，韵律感十强，充满了生命的活力。村落、住屋、装饰部件是静止的，但在时间的维度里，它们流动起来了，有序曲、有高潮、小高潮、尾声，还有余音，这些建筑的符号高低错落，大小有致，充满了节奏和韵律，给人以美的享受。

历经几百年的城子村1000多座土掌房，层层叠叠，密密麻麻，集中连片，顺应山势分布于整个飞凤山的北坡，远观之犹如世界文化遗产哈尼梯田，又如一架登天的天梯，再如神圣崇高的布达拉宫……这俨然是一件大地上杰出的雕塑品。他的线条硬朗古朴，节奏强硬，如一首激奋人心的交响曲（图5-1-11）。欣赏城子村的建筑景观就像在游线中聆听一首乡间小调，清新自然，柔和甜美。

从泸中公路与城子村入口的交叉处启奏到村前的中大河，路程稍长，且是下坡路，节奏缓慢，音调逐渐降低，可视作小调的序曲。从中大河开始，已经能看

图5-1-11 有韵律感的土锅边

（图片来源：莫泰云绘）

到村落大部分面貌，到村口有一小段笔直的平路，此时节奏最低且保持在一个调上。拾级而上，中间穿过"城子第一家"、"张冲故居"、"盘北指挥部"、"将军第"，是小调的高潮，欢欣鼓舞，充满了喜气。到飞凤山顶的"昂土司遗址"是全村的制高点，预示着高潮的到来。从"昂土司遗址"到"小龙树二十四家人"节奏稍微降低，但更显悠长，到了"小龙树二十四家人"有一个短暂的小高潮，从"小龙树二十四家人"再回到村口，节奏降到最低，声音慢慢地消失在天际边，与大自然融为一体，化为天籁之音，这算是小调的尾声，至此全曲结束。整个古村就这样被无数的音符有机的编制成一首美妙的乡村小调，是那样的舒畅悠扬。

建筑中的韵律美就是某种或某几种元素在时间、空间的流动中有秩序、有规律的重复出现，形成一种连续性、条理性、秩序性的韵感。在城子村中形成的韵感元素主要是屋顶平面、天井及石墙、土墙、粮食垛的交替出现。平面屋顶左右相连，上下相接，在横向上大小不一，形状各异的平面交替出现，竖向上，随着山势，层层而上，就如"1234567"七个音符，随着不同的山势变化，演奏着不同的音符。石墙、土墙不断反复出现，而且每一面墙由于大小、材质、主人的喜好不一样，呈现不同的特点，使得墙体的韵律感富于变化。粮食垛位于屋顶，每家若干个，这些大大小小的粮仓，看似无序的放置于各家的屋顶，但在这无序中透漏出一种韵律感，丰富了土掌房的轮廓线，美化了村落的天际线，使得天地似乎接在一起，演奏一首天籁之音（图5-1-12）。

图5-1-12　有韵律感的粮食垛

（图片来源：倪建斌摄，城子古村管理委员会提供）

3.匀称、稳定之美

黑格尔在其《美学》一书中，曾把建筑看作一种"笨重的物质堆"。西方传统多用石头建房，强调建筑的对称性。使得西方建筑具有很强的稳定感和安全感。长期以来人类不断地和自然界打交道，发现自然界中绝大多数事物是对称的，因此人类普遍形成"对称是健康的，是美的，不对称则是不健康的，是压抑的"审美经验。

城子村土掌房虽然受到地形的限制，但是它极力追求对称美。在土掌房布局中，对称表现得最明显，正房三间，以堂屋为中心左右各分布两个卧室，卧室的门相对而开，在天井的两侧，两耳房相对而建，在大门口左右各一石门枕……在城子村的土掌房中，对称无处不在，畅游其中，能给人健康均衡的审美体验。土掌房从材质和收分都在释放着稳固的信息。地基部分宽于墙体部分，且墙面下半部分多为石墙，且略宽于上半部的土墙，加之民居建于山坡上，使整个墙身呈收分状。墙体宽大厚实，呈几何状，棱角明显，很是刚毅。屋顶为泥土夯筑的平顶，且家家户户相连通，互相依附，形成一个统一体，整个土掌房群落给人于雄伟、端庄、沉重、稳定的感觉。从形态看，土掌房原型为长方体，自身就是一个"笨重的物质堆"，在此基础上延伸的其他类型，也是由不同的"笨重物质堆"组合而成，所以不论从单体，还是群体，土掌房都能给人一种稳重的气质。

4.群体组合之美

城子村是由众多土掌房构成的有机统一体。它之所以能获得"原始唯美主义琥珀"的美称，除了符合对比、均衡、稳定、韵律的形式美法则外，最根本的则是其整体组合之美。当我们欣赏单体的土掌房，对其美的感受是有限的。实际上土掌房的美与它的整体构思与宏观布局有关。

任何建筑都与它所处地理环境密切相关。如果能够巧妙地将建筑融于地理环境中，借助大自然的固有的秩序和韵律，那么就在宏观上使整个建筑群获得自然之美。城子村土掌房与飞凤山相融相嵌，融为一体。飞凤山如展翅的凤凰，左右二翼对称，且相对于中间凸起的躯干，两翼略有下沉。土掌房坐落于这样的地形中，从宏观看明显的对称统一。大营、小营民居组团分布于左右翼，中营分布于翼身，灵威寺坐落于飞凤山顶正中，如一个驾驭者，使"飞凤"平稳飞行。大山是村落的母体，是住屋的依托，村落选址于山腰，使土掌房获得了先天的稳定感、均衡感。虽然飞凤山表面崎岖不平，但这正是自然的韵律，城子村先民利用飞凤山起伏变化的地貌，顺着大山的节奏建造土掌房群落，随高就低，高低起伏，使土掌房与地形保持内在的逻辑统一性，从而使土掌房群落与环境融为一体，这时单体土掌房从属于整个土掌房群落，从属于飞凤山的地理环境之中。

总的来说城子村土掌房是以简单的矩形为基本形体，不论是正房、耳房、倒座，还是由他们组成的曲尺型、三合院、四合院，都是统一于简单的矩形。从具体来说其平面、立面、剖面，乃至顶面都是由简单的几种几何形体组成。这些几何形体虽然简单，却不失变化的呈现于人们的眼前，给人以美的享受。人的视知觉有一个特征就是追求简单、表面的视觉享受，不愿进一步进行理性分析。因此通过简单的几何形体来求得统一的效果是符合人们的审美经验的。城子村的土掌房虽然形体简单，固然有建筑技术方面的限制，但是从美学意义上说，这些简单的几何形体通过排列组合成规模巨大的土掌房群落，并与自然环境巧妙融合，给人独特的视觉观感（图5-1-13）。

图5-1-13　群体组合之美

（图片来源：作者翻拍城子村壁画）

城子村单体建筑较少，大多数是由简单的几何形体组合成的土掌房，它们的组合是基于功能的需求和结构的要求。只有这样的组合才是有机统一体。"体量组合要达到完整统一，最起码的要求就是要建立一种秩序感。"[①] 这里的秩序指的

---

① 彭一刚.建筑的空间组合 [M].北京：中国建筑工业出版社，2008：51.

是主从间的秩序。建筑形体反映外空间，外空间依靠平面布局来反映各组成部分之间的关系。因此论述住屋的主从关系也就是论述平面布局的秩序。

能代表城子村平面布局的是"三间两耳下八尺加一天井"的格局。典型例子如"盘北指挥部"、"张冲故居"、"将军第"、"昂土司遗址"，这样的格局是受到内地汉族传统空间构图理念的影响，自然也强调主从关系的处理。他们认为人分男女、老少、尊卑、贵贱，建筑也应该主从分明，不能平均对待，否则便是有违"秩序"。合院式土掌房的正房不论平面面积，还是立面的高度，乃至装饰的豪华程度都远远胜于其他单体建筑，是整个土掌房群落的主要部分。耳房山墙正对正房次间，且左右耳房相向而对，倒座建于最前面将左右耳房连接起来，中间形成一个天井。为了突出正房的主体地位有意建在高处，通过踏跺与庭院连接。此外受地形限制，有的布局不规整不对称，但是仍然主从分明。确定了主从关系还不能实现统一，还要处理好主从关系，也就是要把各个单体建筑进行有机组合，实现各个部分之间内在的有机联系，这样才能获得统一的秩序感。

统一中有变化才不呆板，变化中有统一才不混乱。城子村以泥土夯筑的平顶土掌房为主，层层叠叠，左右相连像阶梯一样分布于飞凤山上。远观之风格几乎一致。几何形体的（矩形和不规则矩形）平屋顶、黄色的土墙是主基调，然而不同的房屋布局，夹杂其他的屋顶形式，如长短一致的双坡屋顶、长短不一的双坡屋顶、少量单坡屋顶等，不同的墙体形式，不同材料的使用，还有屋顶上那极富韵律的粮食垛，使得土掌房沉重、敦厚的格调一下子变得活泼轻盈了许多。真正实现了统一中追求变化，变化中仍然保持统一。

二、土掌房的环境美[①]

乡土建筑由乡民自己设计，自己建盖，受经济水平限制，略为简陋，但融于田野，与自然环境有机融合，富有生活气息，尽管是土房寒舍，竹篱茅屋，却也充满田园气息，往往具有"虽由人作，宛自天开"的审美效果。许多乡村多建于依山傍水的环境中，自然与建筑相得益彰，人工痕迹被大自然所消解。乡土建筑的灵魂是生于自然，长于自然。作为自然界的一员，乡土建筑形成自己独特的环

---

① 该部分已发表，参见王东，孙俊.滇东南彝族城子古村土掌房的环境审美探析[J].南方建筑，2012（5）：91-95.

境审美文化，讲求与人、与社会、与自然、与宇宙的和谐共生，努力营造"天人合一"的理想境界。城子村早年是彝族聚居地，随着汉族的迁入，土掌房印上了深刻的彝汉文化特色。鉴于此，在研究土掌房环境审美时，有必要分别研究彝汉之间的环境观，分析"五位四灵"的环境模式，揭示土掌房"天人合一"的环境审美意向。

（一）"天人合一"环境理想

在彝族早期就已经形成了以原始宗教为中介的人与自然和谐共生的平衡系统，由神灵观念产生的原始崇拜形成了彝族先民与自然之间的和谐关系。这便是彝族先民的"原哲学"，强调天地人相生相成，这在本质上与中国传统哲学所倡导的"天人合一"一致。随着汉文化的传入，尤其是"风水"传入后与彝族的"原哲学"结合，形成了以汉族风水文化为主要内容兼济一定彝族自然崇拜色彩的新"环境观"，并促成了土掌房环境审美文化的形成。

1.彝族的环境观

彝族长期偏居西南，发展缓慢，他们所认识的"自然"只能是在实践基础上可看、可感、可知的具体的自然事物、自然现象，如日月星辰、风雨雷电、山川草木、虫鸟鱼兽等，同样人是鲜活的生命体存在，而不是某种精神存在。在不断地与自然界打交道的过程中彝族逐渐形成了朴素的唯物主义环境观。在早期社会里，彝族先民认识能力低下，自然是强大神秘的，人是卑微弱小的，但自然界又是人类的"衣食父母"，生活所需皆源自于自然，于是对大自然产生敬畏之心，自然崇拜便产生了，在自然崇拜过程中人为的赋予自然界以鬼神观念，认为人与自然都是神的杰作，这又使得彝族的环境观有了客观唯心主义的色彩。所以彝族的环境观既是唯物的又是唯心的。至今的彝族土掌房中仍然留有彝族环境观的痕迹。

彝族先民通过自己的创世神话及其原哲学对宇宙的起源，人类的诞生做了符合自己文化体系的解释，在他们的思想世界里，世界是充满了奇幻且神秘莫测的，人只是这个混沌体中的一员，这个世界出奇的和谐平衡，一切都是有序规整的。在第一章介绍的泸西白彝《创世纪》中写道："在远古的时候，世间没有天。在远古的时候，世间没有地。一片大汪洋，什么也没有。一片黑沉沉，天地分不清……"通过对白彝史诗的分析我们可知，在彝族的原哲学中宇宙是诞生于人类之前的，这反映了彝族对人类自然演化的历史唯物认知。基于宇宙先于人类诞生的顺序，这让彝族先民很早就明白了一个哲理：人及其万物由天地而生。这必然导致了在彝族的建筑文化中道法自然，顺应自然，与自然和谐共生。随着认识与改造自然的能力的提高，彝族的抽象思辨能力也在提高，对天人的关系也得到了初步的理论概括，并随着汉文化的影响，彝族的天人观不断深化，把天与人看作一个有机整体，并附会许多术数，使得彝族的天人观既有神秘的内容，也不失科学的内涵。

早期自然界是人类的衣食父母，人的生存与发展与自然息息相关，对自然表现出强烈的依赖性。这里从物质生活资料来源、精神发展基础两个方面论述人对环境的依赖。在彝族人的观念里，人靠环境而活，靠环境而生，环境给人生存所需的物质生活资料，在早期狩猎采集时代，人的猎物、果实来自于大山森林、江河湖泊，在农耕时代，虽然人力的色彩不断加重，但是人类所需的农作物、牲畜、住宅等都是以自然界为基础，农作物须长于田野，牲畜须以自然植被为口粮，住宅所需的材料皆源于自然。在《彝族诗文论》中说"人是天所生，生人天之德"，[①] 讲的就是人的生存依赖于自然界。

根据马斯洛的需要层次理论认为人类只有在满足基本的生存所需，才可能谈其他需要，比如尊重的需要，自我价值实现的需要等。彝族的环境观认为，环境产生以后，"从此就打好了福禄威荣的根据"，"天地的产生，成了发展富贵的根源，权威和美好的福禄，也是由大山的气脉聚合而来"。[②] 这里讲到了人的福禄荣威是大自然的馈赠。此外，在彝族的"五行"观念中，金、木、水、火、土构成世界的元初物质元素，这些元素相辅相成，形成纷繁的世界，而世界赋予人类以福禄荣威。这促进了彝族对的自然积极态度，也为彝族"天人合一"的环境思想形成奠定了物质基础，这在彝族建寨选址中就有明显体现。彝族的村落大都背山面水，群山环抱，相融于自然环境之中。因为大山、森林、河流等能给他们福禄荣威。

从彝族的太阳历、原哲学及自然崇拜可知，彝族的哲学思维还是整体、形象，认为天地万物与人是一个统一的整体，人只是这个环境体系中的一部分，环境中的每一个子系统是相互联系，彼此依存。因此彝族村寨及民居在选址时必是

---

① 王子尧.天地祖先歌[J].贵州民族研究，1955.（3）.
② 苏克明，刘俊哲.试论彝族先民的天人观[J].西南民族大学学报（哲学社会科学版），1994.（6）.

从整体出发，调和各子系统的关系，以达到选择最佳人居环境的目的。[①]

彝族是西南人口较多的少数民族，由于封闭落后，发展不平衡，在落后地区的彝族，其哲学思维还处于朦胧的状态，视宇宙万物是一个混沌体。他们的思维、理念、哲学等意识形态源自于原始宗教。彝族长期生活在大山里，以自然为伴，在与自然共生共存过程中，形成了如自然崇拜、图腾崇拜、巫术祭祀等原始宗教。他们把自己周围的山、树、动物、河、井等当作神圣的东西加以崇拜，认为一切均有神灵，即泛灵信仰。"泛灵信仰（animism），又译为万物有灵论，指一种相信由精神存在物激活自然的信念"[②]。彝族认为自己是自然界的一分子，而不是自然界的主宰。这决定了他们的聚落选址必然与大自然融为一体，达到天地人和。在这个自然场域中，敬畏各种神灵，以之和睦相处。彝族主要居住在山区、半山区，为了长久定居，他们形成了一套关于村寨及建筑的环境选址法则。[③]

彝族的环境观孕育独特的村落文化，在村寨的分布及选址上形成了稳定的传统，具体为背山、面水、避风。城子村就是以此为规划理念建立的。村中住屋融于自然，1000多间土掌房依山顺势建于飞凤山上，层层叠叠顺山势而上，像一架天梯直接伸向云间。大地与蓝天好像被这层层天梯连接在一起，抬头仰望，有一种崇高神秘之感。村落坐落于飞凤山，但此山不是孤山，山后有山，山上有山，层层跌落，绵延数至视线的尽头。稍远处群山蜿蜒于四周，把古村层层围绕，山上森林茂密，绿翠相拥。近看，村子周围重重林木相互环绕，掩映于一片绿海之中。村中也广种植被，郁郁葱葱，与土掌房相映成趣。村前大片稻田，绿浪翻滚，数条水渠纵横交错其间，中大河、护城河从村前缓缓流过，水波荡漾，在阳光的照射下闪闪发光。自然与村落紧密接触，和谐相融，好似一幅活动的山水画卷。从美学视野可将城子村的美概括为自然美、山水美、生态美、景观美。

彝族对自然充满敬畏之感，尤其是与他们生活息息相关的自然事物及自然现象。关于村落的外部人居环境主要是崇拜山神、寨神、树神、水神等，而关于建筑内部人居环境主要是崇拜门神、柱神、灶神等。

山林崇拜其实也就是彝族原始宗教信仰。在彝族人看来大山、树林是有灵性的，它能感知人类，能对人的行为进行奖善罚恶。因为对大自然神秘力量的恐

---

① 王东，孙俊.滇东南彝族城子古村土掌房的环境审美探析[J].南方建筑，2012（5）：91-95.

② （美）威廉·A.哈维兰.文化人类学[M].翟铁鹏，张钰译.上海：上海社会科学院出版社，2007：396.

③ 王东，孙俊.滇东南彝族城子古村土掌房的环境审美探析[J].南方建筑，2012（5）：91-95.

惧，才形成了他们独特的环境意识。村后一般会有一片茂密的树林，彝族人称之为"龙树林"。村民每年都要定期进行祭拜，称为"祭龙树""祭山神"，虽然城子村现已不在举行祭龙树仪式，但泸西一带大多数彝族村寨还在传承着这些民俗活动，通过强化仪式，积淀为彝族独特的环境审美心理。在这里你能真切体悟"绿树村边合，青山郭外斜"的意境。

山林神崇拜虽然被披上了神秘的外衣，但在客观上却使生态环境得到了有效的保护。由于认识能力的有限性，早期彝族先民受自然的支配，在自然面前束手无策，只能以鬼神观念、伦理禁忌、习惯法来实现人与自然的和谐共生，这在客观上为创造良好环境提供了可能。在自然崇拜的意识下，彝族在适应自然的同时尊重自然，保护自然，按照自然规律行事，努力实现天人合一的环境审美理想。

如第四章所述在彝族村寨，住屋是人神共居之地。从室外到室内及室内陈设和家具处处皆存在不同的神，各神灵之间秩序井然，都有自己的神位。拿祖宗神位来说，彝族人相信祖灵一直跟他们生活在一起。所以他们在堂屋的供桌上置一个神位，来供奉祖先，祖灵是住屋里是最大的神，这里神圣不可侵犯。这些神灵与人一起构成土掌房的内部环境。

彝族在建村立寨或建新房时都遵循传统的相宅和卜宅习俗。建村的要求是"上有山坡养羊，下有平地种粮"，村落与环境紧密相连。在建筑营造中也有许多禁忌，如大门正对秃山象征家庭衰败，植被茂盛则家兴人旺，屋后有山意味吃穿不愁，屋前有平地预示子孙富贵，屋前有水则是财源滚滚，屋后有水则多灾多难。由于受汉文化的影响许多彝区在相宅择址时融入了汉族的风水语汇，认为"地肥人富，地瘦人穷"，生硬的将自然事物与人的命运联系起来，大自然欣欣向荣，那人也繁荣昌盛，大自然萧瑟，那人也落魄。虽然有不尽合理之处，但却客观上强调了人与自然的相互制约关系，促使人们有意识地去保护自然，使自然永葆生机。自然有生气，人也才会向着积极健康的方向发展。

2.儒道"天人合一"的环境审美理想

明中叶以后，汉族大规模迁入泸西，彝汉文化开始了长达数百年的深度融合，形成今天以彝汉为主，其他各民族的文化互补互融的"阿庐文化"，具体表现为古彝汉风。城子村土掌房正是彝汉文化融合的结晶，因此，分析其环境审美理想不仅要从彝族的天人观出发，还要考察汉族儒道文化中的"天人合一"思想。事实上，彝族以自然崇拜为基础的环境观，具有一定的原始性和不完整性，经过几百年的彝汉文化融合，彝汉文化中的环境观互补互融，形成了今天城子村土掌房中完整的环境观。

以汉族为主体的华夏族诞生的环境意识也与自然崇拜密切相关，在漫长的农耕社会，他们认识到天时地利对"人和"的作用，已经形成了初步的环境观。农耕社会靠天吃饭，天给了人们物质生活资料，因而人对天是怀有感恩之心的，所以彝汉的自然崇拜是不同的，彝族对自然怀有敬畏之心，而汉族则怀有感恩之心。这样的环境观在几千年的历史过程中沉淀为稳定的民族心理。此外由于汉族经济、社会、科技、文化的高度发展，形成了完整成熟的天人观。"在哲学上表现为'天人合一'的思想，认为'天道'与'人道'是一个'道'，伦理道德规律和自然规律是一致的"。[①] 在建筑活动中则表现为顺应自然，道法自然，与自然和谐相处的环境审美意识。

建筑环境包括外环境和内环境，儒道两家的天人观思想都对之有独到的见解，在建筑的外环境上道家追求物我一体，大道和谐的自然观，儒家则追求阴阳有序的环境观，而在建筑的内环境上道家追求"四象"的时空观，而儒家则追求厚德重教的伦理观。

"中国文化的自然观是将自然看作包含人类自身的物我一体的概念，人类及山、水、花、鸟、鱼、虫等都是从属于物质世界的体系的。"[②] 这样的观念决定了在建筑活动过程中强调的是天人合一，而不是天人对立，人及人所创造的事物与自然处于同一个层次，具有相同的地位。上至皇城下至茅篱寒舍无一不追求与自然的和谐相处。

"环境观指的是人对周围环境因素及其相互关系的认识。"[③] 人在长期的生产生活过程中，对宇宙中一些对立矛盾的现象逐渐认识并将之概括为一序列矛盾范畴，如阴晴、昼夜、男女、天地、水火等自然现象，及高低、贫富、贵贱、兴衰等社会现象，对此老子也有"万物负阴而抱阳"的论断。在建筑中也以此为根据强调建筑的内外环境的阴阳有序。中国传统建筑强调朝向，尽可能地坐北朝南，并将朝南向赋予了尊贵的象征意义。后来逐渐发展为将天上的星宿方位与地上的方位相对比形成东、西、南、北、中五方方位并与道教中的四灵神兽青龙、白虎、朱雀、玄武相结合形成了城池、村落、建筑的理想图示，即"五位四灵"的

① 侯幼彬.中国建筑美学[M].哈尔滨：黑龙江科学技术出版社，1997：317.

② 潘谷西.中国建筑史[M].北京：中国建筑工业出版社，2004：214.

③ 潘谷西.中国建筑史[M].北京：中国建筑工业出版社，2004：215.

环境模式图。而在五方四位中又有差别，强调东青龙，"天神之贵者，莫贵于青龙……""源于祖先崇拜而逐渐发展起来的宗法制度，从另一个角度对朝向的主从提出了要求"。[1]在城市和村落的选择中也追求后有靠山，前有名堂，讲求依山傍水，在合院式建筑中虚空的天井与实体的建筑形成虚实对比。贵左贱右、贵南贱北、靠山面堂、背山面水等建筑外环境中一序列对立的阴阳范畴，反映了阴阳有序的环境观。中国传统建筑不仅在外环境重视相天法地，强调阴阳有序，在内部也遵之，尤其是阴阳理论中的"四象"时空观，从另一个角度体现了"天人合一"的环境审美理想。《周易集解·系辞》曰："两仪生四象，虞翻曰：四象，四时也。""四象"空间为太阴空间、少阴空间、少阳空间、太阳空间。按照"四象"理论对照传统的合院式建筑，由外到内其空间可划分为户外空间对应太阳空间，庭院空间对应少阳空间，厦廊空间对应少阴空间，室内空间对应太阴空间。

中国古代建筑不论外空间还是内空间皆讲求相天法地。儒家的"天人合一"偏重伦理道德，强调"贵中尚和"。中国古人讲究中庸之道，认为世间的一切事物只有择中，持中才能达到"天人合一"的理想境界。在建筑中很早就有择中意识，如《吕氏春秋·慎势》就说："古之王者，择天下之中而立国，择国之中而立宫，择宫之中而立庙。"[2]择中思想涉及到统治阶级的威严体制问题，在建筑布局中以中轴线为核心，其他单体建筑围绕轴线对称布局，构成轴线的次支，所有的建筑体结构紧凑、井然有序的向两旁递次生长。如此形成了建筑中的长幼有序、等级尊卑、礼仪相济的传统礼仪制度。

以上简单概述了中国传统建筑中蕴含的环境思想，这些环境思想在城子村中都有反映。在彝汉文化融合过程中，内地汉族的儒道文化对城子村及土掌房产生了深刻的影响，下面简论儒家"天人合一"的环境理想在城子村中的体现。

儒家的"天人合一"思想偏向于伦理道德范畴，这种偏向促进城子村土掌房与环境整一和合，以及建筑平面布局和空间组织的秩序性、教化性，注重建筑环境的人伦道德之审美文化内涵的表达。[3]最明显的是在"中营"、"小营"类似北方四合院的住屋形式大量出现。此外装饰装修和细部处理及题材大都能反映儒家的文化，比如"二十四孝"、"大禹治水"……这里我们发现儒家的宗法制度与彝

① 潘谷西.中国建筑史 [M].北京：中国建筑工业出版社，2004：215.

② 傅熹年.中国古代城市规划、建筑群布局及建筑设计方法研究 [M].北京：中国建筑工业出版社，2001.

③ 王东，孙俊.滇东南彝族城子古村土掌房的环境审美探析 [J].南方建筑，2012（5）：91-95.

族社会内部的家族制度非常相似，彝族社会有着严格的等级制度，以父权制为核心，十分重视伦理秩序，这也是儒家文化传入后便得以迅速传播的重要原因。

（二）城子村的环境布局模式

中国传统聚落与建筑环境布局受风水理念影响深刻。风水有迷信的成分，但也有合理之处。对于风水我们要辩证认知，扬其优，弃其短。著名古建专家潘谷西教授在《风水探源》中指出："风水的核心内容是人们对居住环境进行选择和处理的一种学问"[①]。英国科学史家李约瑟说："风水理论对于中国人民是有益的，它包含着显著的美学成分和深刻哲理，中国传统建筑同自然环境完美和谐的有机结合而美不胜收。"在传统风水学中蕴含有丰富的环境美学思想。

传统风水认为，选地要选雌雄交合之地，其美学的象征意义是"生生不息"。

中国古代风水歌吟："阳宅须教择地形，背山面水称人心。山有来龙昂秀发，水须围抱作环形。明堂宽大斯为福，水口收藏积万金。"《藏经》也说："夫葬以左为青龙，右为白虎，前为朱雀，后为玄武。玄武垂头，朱雀翔舞，青龙蜿蜒，白虎驯頫。"[②] 华南理工大学唐孝祥教授在其专著《岭南近代建筑文化与美学》中对"五位四灵"的环境模式做过系统的阐述："五位，即东、南、西、北中五个方位；四灵，即道教信奉的四方神灵：（左）青龙、（右）白虎、（前）朱雀、（后）玄武。"[③] 这种模式通俗地讲就是山脉蜿蜒，群山环抱，曲水环绕，基址居中。"五位四灵"模式既有讲求秩序性和集中性的"五位"，又体现了道家的"四灵"神仙观念。明朝城子村是广西府第五任土司"昂贵"的府城所在地，昂贵接受汉文化，府城的选址在汉族风水理念的指导下进行。今天从城子村空间布局来看，是完全符合"五位四灵"的理想聚落模式的，因此城子村也被认为是运用风水术的典例。在风水术的指导下，城子村环境特征突出，环境意象极富感染力，外部环境明显反映了"五位四灵"的环境意象（图5-2-1）。

"五位四灵"是以中国传统哲学中的"天人合一"观念为理论依据推演出的选址模式。其内核是儒道的环境观，风水仅是其所披外衣。儒家讲求人伦秩序，道家追求道法自然。在建筑中道家的环境观则表现为因地制宜、顺应自然，对自然

① 潘谷西.风水探源[M].南京：东南大学出版社，1990.

② 侯幼彬.中国建筑美学[M].哈尔滨：黑龙江科学技术出版社，2006：193-194.

③ 唐孝祥.岭南近代建筑文化与美学[M].北京：中国建筑工业出版社，2010：101.

图5-2-1　城子村五位四灵的环境模式

（图片来源：《城子古村保护开发规划设计》，平伟提供）

的直接因借，与山水契合无间。而儒家则是注重建筑的群体组合与空间布局，追求人伦道德的秩序性、教化性。基于环境观，强调人居环境的整体统一，上看天象，下察地理，前有明堂，后有靠山，左右有青龙、白虎山簇拥，在这个多方位的立体空间内进行"相气""理气"活动，以求"生气"，回避"邪气"，寻求最佳的人居环境模式，以达到天地人的和谐统一。

中国古典美学中高山大川、江河湖海被赋予了智者、仁者的秉性。孔子曾说"智者乐水，仁者乐山"。山、水乃自然大美，水灵动深邃，山高大仁厚，代表智者仁者的秉性。"五位四灵"的环境模式将抽象的"五位""四灵"赋予具象的自然山川河流。因此相地的老者在根据"五位四灵"的环境模式选择理想人居环境时注重对自然山川河流外形特征的审查，传统风水术将之概括为觅龙、察砂、观水、点穴、定向的"风水五诀"。这里遵循"风水五诀"的逻辑分析城子村"五位四灵"对应的山川河流特征。

风水中讲"山有来龙昂秀发"，城子村坐落于飞凤山，飞凤山后面是山上有山，山后有山，叠叠落落，起伏有致，屈曲生动，蜿蜒曲折，绵延至天际的尽头，就如一条卧龙盘旋于崇山峻岭之间。飞凤山统领着村落周围所有的群山，有道是"龙为君道，砂为臣道；君必位乎上，臣必伏乎下"。在屈曲起伏的主山脉上分出无数的枝干延绵衬托，山上植被茂盛，郁郁葱葱，为飞凤山徒增不少生气，微风一吹感觉飞龙在天。

"龙无砂随则孤，穴无砂护则塞"，砂山是簇拥在来龙山旁的相对较低矮的山，有左青龙的龙砂，右白虎的虎砂，前朱雀屏砂。如果说来龙山是主山，那么砂山则是辅山，砂山隶属于来龙山。城子村左砂山为太阳山，右砂山为太月牙山，前有案山自刎山，即朱雀屏砂。众山围绕着村落，飞凤山端坐正中，左右月牙山、太阳山像两个护法相视而对威武站于两旁。前方的自刎山正对来龙山，守护着住大门，抵挡外敌入侵。

山有山脉，水有水脉，山与水对应而生，山屈曲生动，水灵动深邃。山高大深厚，凸显阳刚之美，水钟灵毓秀彰显阴柔之美。传统风水认为，水乃山的血脉，山有水才活，水有山才转。城子村依山傍水，村前大片稻田，无数灌溉水渠像人的血管遍布于农田中，中大河、护城河蜿蜒长流不息，两岸植被斜向河中，风吹草动，水随风流，加之水态澄凝团聚，水质色碧气香，水的灵动深邃尽显无疑。

传统风水中的"穴区"指的是建筑物的核心区，点穴就是确定建筑基址。在确定了屈曲生动的飞凤山，怀抱有情的左右砂山，灵动深邃的水势后，便是关注居住区的基址。基址被众山簇拥着，被水环绕着，背靠着主山，居于小环境的正中，合理的调节着各砂山间的关系，消解山与水的对立关系，使各砂山间谐和有情，山与水和谐统一。

在漫长的农耕生活中为了适应农牧经济的需要，既需要山地以供放牧，也需要平地以供耕作，附会风水术就是"前有朝山细水流，后有丘陵龙脉来"，即背山面水，负阴抱阳。"万物负阴而抱阳，充气以为和"，阴阳理论讲究阴阳和合，在城池、村寨的选择中讲求背山面水，在居室空间上则主张高低有序。

城子村背靠飞凤山，谓之靠山，前临碧波水田，谓之明堂，取"负阴抱阳"之格局。村子位于北回归线附近，即使坐西南朝东北仍能提供充足的光照。传统风水认为选地要选"雌雄交合之地，阴阳交合之区"。城子村处于阴阳交合之处，是生气之地，生命在这里能得到生长的力量。城子村地灵人杰，历史上出了如司昂贵土司、李德奎将军、张冲将军等名人。附会风水就是村寨顺应自然，吸山水之灵气，纳日月之光华，有道是"阴阳交合而万物化生"。用科学之语替换

"阴阳协调"就是"正负极磁场"。外在的磁场如果与人体的磁场一致则有利于促使身体健康，思维敏捷，心情舒畅，反之磁场混论，则易使人心情烦躁，思维迟钝，多灾多病。

可见城子村的环境格局不仅符合"五位四灵"的理想聚落模式的，还蕴含着阴阳和谐的格局。"五位四灵"的聚落是理想的藏风聚齐之地，能够很好满足人们趋吉避凶的心理需求。该模式是中华民族数千年来关于聚落选址的经验积累，虽然披上了"风水"的神秘色彩，但客观上却影响着了中华民族审美心理的形成。我们认为城子村的"五位四灵"环境模式是彝汉融合后，彝汉审美心理逐渐趋同的反映。从心理角度说是追求趋吉避凶，从审美角度说则是追求山水美景。

趋吉避凶是人类的共同诉求，建村立屋是族群头等大事，需要高度重视。在古时由于条件落后及社会秩序混乱，吉凶是首要考虑的问题，而传统风水术所要解决的首要问题也是吉凶问题。在《黄帝内经》中说："夫宅者，人之本。人以宅为家，居若安，即家代昌吉；若不安，即门族衰微。"讲的就是环境好坏关乎整个家庭的命数。五位四灵的环境模式正好符合人们的这一普遍诉求，因此在建村立寨时都尽量按照这一模式进行。

在旧社会，盗贼出没、土匪猖獗、民族矛盾突出、社会秩序失序，加上人们应对天灾人祸的能力有限，这极大地威胁到人们的生存。城子村五位四灵的环境模式为村民提供了心理上的保障，四周群山蜿蜒，碧水怀抱，天然的屏障可有效阻止外敌的入侵，并且人为地将这些山体、水系等自然物附会风水，赋予神秘力量，比如左青龙，右白虎，前朱雀，后玄武的四方神兽，坐镇村落四方，阻挡一切不洁之物来犯，保障村民安居乐业。

"五位四灵"的环境模式除了满足趋吉避凶的心理需求外，也是人们追求美的结果。在传统风水术中讲求"气"与"形"的关系，"气吉，形必秀润、特达、端庄；气凶，形必粗顽、欹斜、破碎"[①]。藏风聚气的环境模式具有良好的环境景观价值，在上文中描述"五位四灵"环境模式的特征就讲到来龙山屈曲生动，水势灵动深邃，砂山怀抱有情，穴区居中尚和，但都是分割开来谈，从整体观之，该环境模式就是一幅巨大的山水画，其构图饱满，富有生气。以村落为构图中心，以金鼎山、飞凤山为构图背景，背景重峦叠嶂，绵延起伏，近处清晰，远处

---

① 侯幼彬.中国建筑美学[M].哈尔滨：黑龙江科学技术出版社，2006.

模糊，层次明显。四周群山环绕，森林茂盛，前景沃野铺陈，河水清澈见底，玉屏山、龙盘山紧紧依偎，太阳山，月牙山相视而对，含情脉脉，近景的土掌房层层叠叠，与飞凤山融为一体。

（三）城子村的环境审美意向

人们按照美的法则创造人居环境时，为了团结邻里、方便工作及满足审美需要，在环境规划设计时往往顺应自然，因地制宜，以期符合得体合宜的环境审美意向，就如计成所说的"巧于因借，精在体宜""妙于得体合宜，未可拘率"。城子村土掌房依山循水，顺自然之形而为之。其环境审美意向可以概括为谐和有情的村落环境、和谐的邻里社会与宁静淡雅的田园生活。

建筑应该属于它所属环境的一部分，只有当建筑与它周围的环境有机融合，它的美才能超出它本身的范围获得更广更深的意义，实现"虽由人作，宛自天开"的审美追求。若脱离它所属环境，即使本身尽善尽美，也会美感尽失，甚至格格不入，破坏整体环境。

城子村土掌房与周围环境谐和有情，人工环境与自然环境辩证交融。人塑造了良好的人居环境，也被周围环境所塑造。人与自然形成一种和谐的氛围，人在这样的环境下生活，身心是放松的，畅然的，身理机制、心理机制处于和谐状态。根据格式塔心理美学的"同构"说："事物的运动状态和形体结构与人的生理心理有类似之处"，环境与人的身心同形同构，相互催化融合，心旷神怡，最终沉醉于天地之间，达到天人和谐的无我状态。林语堂说："最好的建筑是不知自然终于何时，艺术始于何时。作为一种人工创造，建筑应与自然环境相互配合，协调一致，环境气氛构成意境，意境触发情感，达到情景、情境的协调统一。"土掌房与周围环境的关系就是最好的例证。

城子村的整体布局依山就势，层层跌落，整体空间西高东低、背山面水。彝族十分重视并善于利用地形的起伏来进行村落建设，土掌房的设计与地形配合得很巧妙。在建筑物的配置上也尽量顺应自然、随高就低、蜿蜒曲折而不拘一格，从而使建筑与周围的山、水、石、木等自然物融为一体。建筑与环境的整体气氛和谐，使人的全部生理心理机制活跃起来，相互催化融合，心旷神怡。

城子村前低后高，四面环山，冈峦起伏，并有数个山峰兀立于村寨的四周，景色十分迷人，村前有一块平地，"中大河"蜿蜒其间。在内部空间的安排上考虑到村落各户的窗口、房间、阳台、屋顶与远处山峰的视线通廊。土掌房家家相连，户户相通，这家的屋顶便是那家的庭院。整个村子是一个有机整体，好像是一个几百户人家共同生活的大家庭。村民们钟情于土掌房的重要原因之一是土掌房外围内通，村寨内部不设防，人心不设防，村中门不闭户，路不拾遗，汉、彝、苗、壮各族群众和睦相处。一直以来，城子村民走家串户、互相帮助、和睦相处，从而塑造了淳朴友善的民风。在这里，没有"各人自扫门前雪，莫管他人瓦上霜"的狭隘主义；在这里，没有"鸡犬之声相闻，至死不相往来"的封闭观念。在外围内通的土掌房群落里，对传统的邻里关系无论是在物质层面上还是在精神层面上都起到至关重要的促进作用。土掌房与自然环境协调共生，城子人世世代代在这里日出而作，日落而息，虽然辛勤，但是生活宁静淡雅，却也祥和（图5-2-2）。土掌房沿山坡顺等高线而建，层层叠叠，高低错落，村中绿色植被点缀其间，周围森林茂盛，郁郁葱葱。山上有坡可放牧，山下有地可耕作，村落建于山腰，这是适应农耕生产生活的最佳聚居格局。

图5-2-2　宁静的田园生活
（图片来源：徐波摄，城子古村管理委员会提供）

从"将军第"的屋顶放眼望去，柔和的阳光，屋顶袅袅炊烟，层层的屋顶平台上，装满苞谷的粮食垛折射着黄灿灿的余晖，土掌房的屋檐和墙壁上挂满了苞谷和辣椒串；妇女们在忙碌的晾晒粮食，男人们在修农具、编竹筐，老人悠闲地吸着水烟筒聊天，娃娃们在嬉闹玩耍。村前山脚下、中大河蜿蜒流过，微风吹拂，绿浪滚滚，村民在田野中忙碌，牛马在田埂、地头嚼啃青草，一幅小国寡民的丹青画。村民经年累月的生活于此，日出而作日落而息，悠闲自得。这种村落发展模式也从另外一个侧面反映了当地人对自然的理解和适应。土掌房同城子村民的心灵一样，早已融入了自然、皈依了自然的神境。

三、土掌房的意蕴美

"艺术的最初任务在于本身是客观的东西，即根据自然的基础或精神的外在环境，来构成形状，从而把一种意义和形式纳入本来没有内在精神的东西里……接受这个任务的艺术……就是建筑。"[①] 建筑是由形而下的物质实体和形而上的精神意识构成，就如恩格斯所说的"精神沉于物质"。建筑作为艺术的一个门类，它不仅仅要满足防寒避暑，遮风挡雨的实用功能，还在于它突破了物质层面赋予了某种意指性的内涵，使建筑有了"意蕴"。

关于建筑意境最早论述的是梁思成和林徽因提出的"建筑意"，其后有不少学者阐述过自己的观点，侯幼彬教授在《中国建筑美学》一书中单章论述了中国建筑的意境美。他提出建筑意境既"知其然"又要"知其所以然"，并在此基础上提出建筑意境的三个层次：建筑意象、建筑意境及建筑内涵意蕴[②]。本文就是以此为理论基础研究城子村土掌房的意境美，土掌房是彝族先民创造的物化符号，是"有意味的形式"，本身它就能营造一种意境空间，作为一种文化的载体，它又凝聚着彝族先人历史文化、思想情感的人文内涵。

(一) 土掌房的空间意蕴

建筑是一种物质体，不能直接抒发情性，要靠暗示、象征去激发想象和情感体验。意境美的第一层次为审美意象，而审美意象是片段的、独立的、无机的，它只有通过"蒙太奇"的组接，将审美意象元件组合起来，形成连贯的，有机的，整体的"一部电影"，而这部"电影"突破了原有的时空限制，由实生虚，产

---

① 俞建章，叶舒宪.符号·语言与艺术[M]上海：上海人民出版社，1988：75.

② 侯幼彬.中国建筑美学[M].哈尔滨：黑龙江科学技术出版社，2006.

生大量的"留白"①，给人于无限的遐想空间，形成"象内之象"和"象外之象"的统一，实境与虚境的统一。鉴于此，从细处着眼，放眼全局，从装饰、空间、山水田园三部分阐述城子村土掌房的建筑意境。

1.装饰意境

雕刻、绘画、文学、诗歌等艺术形式易于表现主题隐喻、抽象的文化内涵，在建筑装饰中往往将这些艺术形式融为一体，进行综合表现，提升审美境界。因此我们可以将建筑装饰看作"凝固的音乐、静止的戏剧、无声的诗、立体的画"的综合艺术舞台。建筑是一门综合性的艺术，与其他许多门类艺术具有共同性。② 在人居环境中将雕刻、绘画、文学、诗歌等艺术引入其中，将人们置身于艺术的海洋，让人们遐思千古，浮想联翩，沉浸于诗情画意之中，既美化了环境又陶冶了性情，岂不美哉。城子村的土掌房装饰虽然无法与深宅大院，贵族府邸相比，但由于是处于乡野之地，在质朴的土掌房上赋予精湛的装饰艺术，既减少了土掌房的"俗气""土气"，又增加了土掌房文化内涵及审美层次。

内部装饰是内部空间的附加，使得内部空间富有文化底蕴。历经岁月沧桑，城子村土掌房"雕栏玉砌"仍在，但是"朱颜已改"难免给人丝丝忧愁，毕竟昔日的繁华已随着历史的天空一去不复返，只能从剩下的遗迹感伤与怀古。其中村中还留有若干反映彝族土司时代的石雕，如土司出巡图、蛮兵练武图，土司护卫图等，借此遥想几百年前土司的威严。（图5-3-1）若从千年前的白勺部算起，本已经古老的土掌房更加的富有魅力，其装饰题材也越加的厚重、深邃，意境之深远只能凭借今日之观者尽情地联想发挥。

在"将军第"的门楼处，装饰精美无与伦比，门楼呈八字式展开，门庭开阔，左右贯通，踏跺垂直有序，门墙宽大厚实，八角飞檐，两翼角微微翘起，灰瓦整齐却不失变化，花坊上雕花刻草，精美至极，三排斗栱傲然挺立，目视远方，此情此景不免让人思绪万千，脑海里浮想起几百年前"将军第"的辉煌战绩，李德奎将军在战场上所向无敌，英勇善战，与敌厮杀的场景，为国家、民族

---

① 留白的作用包括：一是起到诱发想象的作用，景物的"空缺""隐蔽""缥缈""幽邃""寥廓"都具有不确定性、朦胧性，成为召唤结构的"想象空间"，有着引人入胜，耐人寻味，诱发人们再创造想象的诱惑力；二是起到美化景物的畅神作用，景物客体通过良好的虚实结合，取得了生机盎然的情趣、气氛、意蕴，令人游目骋怀，心旷神怡，从而引发人们产生情感性哲理性的遐想。

② 唐孝祥.近代岭南建筑文化与美学[M].北京：中国建筑工业出版社，2010：111.

图5-3-1　石雕：土司出游及兵勇练武图

（图片来源：作者自摄）

立下赫赫战功，获清政府册封"锐勇巴图鲁"的称号，也被村民奉为"武神"，而世代奉祀。这是城子村的骄傲，这是少数民族的自豪。李将军荣归故里，兴建了"将军第"，并演绎了美丽动人的"姊妹墙"传说，脑海里的这一切的镜头被编辑、剪切、排版成一个个镜头，好像是刚发生一样的。历史永恒，盛世不易，历史由无数有限的起落、兴衰、分合构成的永恒。看着这斑驳不堪的门楼，朱颜已改，门槛已被踏破，中间的两扇门板已不知所向，两边的门柱被今人用石灰水刷面，一看便知这"将军第"饱经历史沧桑，不知这门被多少人踏过，不知这屋换过多少茬主人，人来了又去，去了又来，也不知在这个屋里发生过多少事，这一切都是未知数。正是无数的未知数给了今人巨大的想象空间，每一个人都可以赋予这屋不同的故事，演绎不同的生活画面，讲述不一样的人生……

在城子村每一处装饰似乎有着说不完的故事。雕塑如土司庙神像、灵威寺神像、虎雕、狮雕，浮雕装饰如牡丹腊梅、飞凤朝阳、大禹治水、二十四孝、耕牛图……这些装饰题材使得土掌房在特定的时空背景下意境深远。

建筑外空间的装饰具有季节性、临时性特征，正因为如此其产生的意境才更加的丰富。最具吸引力，最能构成意境的可能是平屋顶上的粮食垛。从远处看构成高低起伏的外轮廓线，别有一般韵味。如此景致，世间少有，自然会让观者产生广阔无垠的遐思，给观者留下深刻的印象。这些站立屋顶的粮食垛随时空之变而呈现出不同的意象。从不同的观赏角度：正面看、侧面看，仰视、俯视、侧视、平视，会有不同；从不同的观赏时间：早、中、晚，春、夏、秋、冬也不同；从不同的自然现象看：晨曦、晴天、雨天、雾天、阴天、逆光变化更是巨大（图5-3-2）。

图5-3-2 屋顶特殊的装饰：粮食垛

（图片来源：黄光明摄，城子古村管理委员会提供）

不管是内空间的装饰还是外空间的景致，都留有余地，人们尽情地发挥想象能力，使得有限的范围内包容着巨大的内容，有历史的、人生的、生活的。景外有景，象外有象，余韵无穷尽。

2.空间意境

"在建筑意境结构中，建筑起着组织景观空间环境作用的组构方式，景观意象主要产生于建筑的组群内部、庭院内部"。[①] 建筑是构成意境空间的骨架，其他任何要素都是与建筑发生合力共同创造建筑意境。建筑意境包括外空间意境和内空间意境。

老子有云："凿户牖以为室，当其无，有室之用"。讲的就是建筑内部空间通

---

① 侯幼彬.中国建筑美学[M].北京：中国建筑工业出版社，1997.

过虚实、有无的思想创造空间意境。然而建筑是"笨重的物质堆"，尤其是像土掌房这样的乡土建筑，以实为主，虚实结合，创造独特的空间意境。实景指墙、窗子、门、柱、梁、枋、柱础、斗栱及其上的各种图案。虚境则是指由实景与其他的事物或者现象构成的新的形象，如日光、月光、灯光构成的阴影。以土掌房的木格栅窗为例，有十字形，有龟背纹，有冰裂纹等各式几何形体的变体。这些格栅窗是通透的，人的视线可以透过窗孔目视室内空间，并在各种光线的交织下在室内形成变化莫测的光影形式，巧妙地编制成新的图案，让人感觉到既神秘又通透，动静组合，韵味无穷，使得笨重质朴甚至有点呆板的土掌房富有灵气，虚境与实境在这里得到了很好的统一。

由于气候与地形地貌的限制，城子村的庭院都比较小巧别致，在小庭院里村民植花数盆，偶有人家种树数棵，还有较强务实的农户则以葱姜芫荽替之，每当阳光来临晒出满墙绿荫，一庭花影，这里是庭院生活的主要空间。大热天老人在此纺麻织布、说事摆古。小孩在此天真烂漫地嬉戏玩耍。家庭主妇则在此操持日常家务。男人则在此把玩犁耙，偶尔抽阵水烟，伴随着缭绕的青烟，一身的劳累得以缓解。关在一侧的牲口在努力的嚼食食物，偶尔发出叫声，引来家人阵阵欢喜。这是生活的世界，幸福的乐园。（图5-3-3）然而天井的美并不止于此，在这个小空间主房与耳房高低错落，用雕凿精美的踏跺将之连接，庭院的墙与凹凸的檐廊、斜的腰檐与平的地面，圆的柱与方的枋，四面围合与敞开的顶面天口，天圆地方，缕缕阳光从天井上方散射而来，在天井底部形成片片光影。光影成高低、圆直、方圆、凹凸、围合、明暗、敞合，既对立又矛盾的统一体，这使得本已充满欢声笑语的庭院更加多姿，使得狭小局促的庭院空间既情满意浓，又充满了层次感。这让难免让我想起郑板桥描写的茅斋天井："一方天井……风中雨中有声，日中月中有影，诗中酒中有情，闲中闷中有伴……"庭院虽小，产生的空间意象却丰富多彩，形成情景交融的意境空间。土掌房的小天井与之有异曲同工之妙。

为了丰富室内空间的层次感，增强私密性，人们会采用各种分割与流通手段。城子村的土掌房很"土"，在空间的划分上虽不精致，却也具有"庭院深深深几许的"意境。土掌房集中连片，各家各户之间相互衔接，相互嵌套，你家有我，我家有你，它的内部空间也是互相连接。这种空间意境的产生是基于共同生活、共同抵御外敌的现实需要，但在客观上创造了"似隔非隔，余曲未包"的效果。

赵红林 摄　　　　　　　　　　杨俊 摄

赵红林 摄　　　　　　　　　　金家茂 摄

图5-3-3　庭院内的生活

（图片来源：城子古村管理委员会提供）

　　为了满足生产生活的需要，既要有门庭、过道、耳房、内外天井、牲畜棚、厕所等功能所需的空间，但又无法按照规整四合院式进行营建，只能随地势而建，有的从大门进入后，结合地面交通与屋面交通，经七转八拐才能到正堂。这里分享下笔者调研中一次印象深刻的体验历程：经主干道转进曲折小径，攀爬层层屋顶看到一户门庭，无门板，只有门洞，门洞处艳阳高照，门洞不深，约四米左右，上面是土屋顶，在光与影的交织下洒下一大片阴影，左侧堆放柴禾，鳞次栉比，错落有致，形成二重阴影，构成影中之影，这光影随太阳的变化发生变化，到门洞尽头右侧露出一长条形天井，阳光一览无遗地照射到天井里，感觉豁然开朗，心境也一下子爽朗了许多。在墙角处太阳的斜射留下一道道阴影，一明一暗，一阴一阳，一动一静，美不胜收。过了长形天井左转约三米有一道门，门呈双扇开启，门墙上置数盆花草，进门后则是一四方小天井。左右是耳房，正房三间，左右各一座跑梯连接上面的耳房屋顶，从屋顶处又可进入另外一家屋顶，又是一轮曲径通幽的开始。这些转折跌宕的空间虽受客观的地形限制和满能功能需求的产物，但却创造出"无隔盛有隔""似隐却露""露而不隔"的审美意境。达到"'深文隐蔚，余曲未包'的艺术境界"①。一重又一重的空间，能够引起人的情感起伏，能洗涤人的心灵。村中的主要道路也是七拐八扭，有曲径之趣，不时遇到赶着牲畜出工或归家的农人，更加增添了巷道空间的无穷韵味（图5-3-4）。

梁荣生 摄　　康关福 摄

姚建明 摄　　姚林 摄

图5-3-4　充满韵味的巷道空间

（图片来源：城子古村管理委员会提供）

---

① 郑榕玲.中国传统建筑艺术中的含蓄美[J].装饰，2003（6）.

　　总之，城子村土掌房群落是一个巨大的群组空间，这些空间通过木梯、过街楼、廊檐、门洞的连接，空间随地势自由错落，廊檐进退有序，空间隐而不隔，庭院有分有合，界面虚实相生，使得整个村落相互连通，形成意象丰富的意境空间。

3.山水田园意境

　　乡野建筑与自然有着天然的联系，体现的是返璞归真的乡居生活。青山绿水，田园村舍，多彩彝居别有一番意境。城子村周围是喀斯特岩溶地貌，群山连绵，奇峰怪石，烟月薄雾，森林茂盛，地下暗河纵横交错，地上河湖点缀其间，重湖叠瀺，山水相间恰似仙境。除了山水之美外，还有田园阡陌之意境。春季金黄的油菜花十里飘香，其间点缀着几小片油绿的麦子，衬托十里桃花开的胜景；夏天连片稻田，绿浪翻滚，绵绵青山傲然耸立，悠悠碧水灵动深邃；秋天的田野是金装换绿装，头顶苍穹只见大雁南飞，秋风横扫但见落叶飘飘；冬天万物归寂，山河沉睡，田园一片愁景，清晨，丝丝薄雾飘缈万千，炊烟袅袅化静为动，遇到好年辰，雪花女神降临，装点江山，为炎热的南亚热带气候带来一阵狂喜，瑞雪兆丰年，村人要为这个好兆头谈论许久。歌德有言："显出特征的艺术才是唯一真实的艺术"，山水田园的乡野特征使得城子村意境深邃、幽深（图5-3-5）。

图5-3-5　四时之景

（图片来源：左上、右下由城子古村管理委员会提供；右上、左下作者自摄）

　　城子村深藏于群山环抱之中，历史悠悠，文化厚重，自然景观独特。人在山中游，画在心中走，在这幅流动的巨大山水画面之中大部分是自然之景，仅有中部土掌房群落凸显人文景观之美。从宏观视之，土掌房起到画龙点睛的作用，这一"龙眼"使得自然山水更加富有生气。山绕着村，水环着寨，既增加了古村的层次感，又使自然美与建筑美有机的融合在一起。如果从照片的"图"与"底"来看，土掌房就像图的主体，而周围的自然环境就如背景，画框就为人的视线所及之处。在这幅山水画中，土掌房似乎是经过设计大师精心设计的，是那么的得体合宜，层层叠叠的土掌房镶嵌于大山母体之中，打破了原始自然景物一统天下的格局，使得住屋与山水融为一体。景物层次丰富，有自然景观、建筑景观，但并未平均对待，而是突出建筑景观，徒增自然景观的人文品格。"万绿丛中藏点黄"，通过广袤的"万绿"直击"点黄"，突出的是一个"藏"字，秘境悠悠，韵味无穷。这更能感受大自然的包罗万象，纷繁复杂，凸显人力的弱小。1000多间黄色土掌房组成的村落，在广袤的自然界视野中只是"一点黄"而已。

　　城子村周围的山水环境是一幅流动的"山水画"，这幅画是未经画家设计布局，偶然天成的，如同一块未经雕琢的自然美玉，具有美的品质和大地艺术的潜质。土掌房因地制宜，顺山势而建，被群山所围，有效的沿袭自然基因，村前碧水环绕，连片水田，山与水构成了村落的基本格局，山深沉稳重，气势磅礴，水柔软轻快，灵动深邃，水天相接处便是村落坐落处，山与水被村落有机的圆融为一体，使村落既有大山的深沉，又有碧水的灵动。飞凤山位立中央，后枕金鼎山，前望自刎山，左有太阳山，右有月亮山，及远处连绵起伏的群山，呈众山怀抱之势。城子村是喀斯特地貌，地下暗河纵横交错，地上明河星罗棋布，除了村前的中大河及遍布水田中的水渠外，还有连接中大河的小江、南盘江峡谷风光及地下瀑布——冒烟洞。小江、南盘江两暗悬崖峭壁，植被翠眼欲滴，鲜花竞相绽放，虽无"两岸猿声啼不住"，但是却有牛羊满山坡，鸟儿鸣不停的景观。冒烟洞除了本身的幽深灵境外，还由于它有如"玉女赶石""昂贵财宝之谜"等神话传说，使城子村蒙上了神秘色彩。对于南盘江的峡谷风光在城子村的宣传册《城子古村时空记忆》中有精美的描写，现摘抄如下："江水窄处，木舟横渡。盘江日出，波光潋滟。雾霭深处，山峦浅露。晨观云山雾海飘飘纱纱，日乘轻舟饱览峡谷风光，夕想晚霞余晖浮想联翩"。有将南盘江的魅力形容为"南盘江峡谷留恋一日，决胜尘世辗转数时日"。除了水的灵动外，还有山的厚重，城子周围的每座山都有一个美丽动人的名字如龙盘山、芙蓉山、金鼎山、笔架山、自刎山、玉皇山、九溪山等，这些山构成的景域极为畅达，乃诗情画意之胜地，山清水秀，人杰地灵，茂林修竹，繁花盛开，鸟语花香。置身其中，深吸一口新鲜空气身心倍感舒适。

站在飞凤山顶，城子村绿树成荫，各种植被点缀于土掌房的缝隙间，显得和谐融洽。放眼望去，群山环抱，树木茂密，郁郁葱葱，村前绿波翻滚，天高云淡，微风吹拂，阳光明媚，好像一幅山水田园画。进入村口，是清幽静雅的河流，让我们感受其波光云影，旁边是一块面积颇大的平地（水稻田），抬头就是飞凤山，土掌房层层叠叠，略近处是太阳山和月亮山，各分布于左右边，这里一边是宽舒平整的水稻田，一边是优雅曲折的小河，前后左右是郁郁葱葱的群山，造就了一高一低，有蓝天白云，有青山绿水，一平一曲，有田有河，对比鲜明的境界相互衬托，勾勒出独特的审美意蕴。

二十一世纪的城子村仍然遵循着牛马代步，犁耙翻田的农耕生活，每天日出而作日落而息。"暖暖远人村，依依墟里烟"，城子人在这里悠闲自得过着与世无争的田园生活，1000多间土掌房韵律感极强的分布于飞凤山上。公鸡报鸣，朝阳出山时村民赶着牲畜驾着牛车，身挑肩扛下地干活，不多时田间地头不少村人已经开始了一天的劳作。老牛驾犁，耕耘土地，村寨中炊烟袅袅美不胜收。到收获的季节一片片、一层层、一湾湾建于山坡上的梯田与土掌房保持着一致的风格，梯田里种满了苞谷、烤烟、大豆等，村前平地上的稻田一片金黄，人们欢声笑语的收割劳动的果实，声音一浪高过一浪。夕阳西下，牛儿拉着满载而归的稻谷，在乡间小道上是一车接一车，活像一个车队，规模浩大。收获回家的粮食放置在土掌房的屋顶，和煦的阳光照在土屋顶上，炊烟袅袅，金黄硕大的南瓜，放在屋顶的边沿处，玉米与稻谷晾晒于屋顶中央，晒干后主人就在自家屋顶垒起一个个粮食垛。墙上挂满了辣椒、黄豆、红豆等。村人忙忙碌碌，有说有笑，为又是一个好时年而欢欣鼓舞。男人女人忙着"剥玉米"，老人坐在一旁有聊天的，有帮忙的，淘气的小孩则嬉闹奔跑玩游戏。此情此景是何等的惬意何等的畅快，俨然一副世外桃源的田园胜景（图5-3-6）。

飞凤山上的土掌房群落接天触地，天地贯通，要"欲穷千里目"，无需"更上一层楼"，站在土掌房屋顶你便可以俯察天地，品味人生。城子村土掌房的平屋顶为你提供了绝佳的观景台。从村口顺着层层叠叠的土掌房来到飞凤山顶的制高点——昂土司遗址，放眼四望，远处的景域尽收眼底，或明晰或模糊，或飘缈寥廓或无边无涯，你可尽情享受这绝美的唯美时空。山外有山，山套着山，山

黄芳 摄 黄光明 摄

李维芬 摄 段凯 摄

图5-3-6 收获的季节

（图片来源：城子古村管理委员会提供）

接着山，远处连绵的群山无意中成了村落的远借景，若是在早晨登高远望则更是深邃、飘缈、苍茫。月儿还未完全退去，晨雾如薄纱一般装点着大千世界，拓展了远景的宽度，增加了近景的深度，群山起起伏伏的轮廓在雾的笼罩下，层次感极为丰富。村中的景观被推波助澜的推向了无边无际的远方，山与天形成的天际线似乎被淡化了，视野被拓展了，景物的边界被虚化了，景观是那样的廖旷虚远。似乎在这一刹念间打破了群山的封锁，与外界更加广袤的世界连在了一起。视线的无边导致视野的无涯，上可观天，下可察地，远可观照群山，近可体察尘埃，浅可感万象，深可悟哲思。

土掌房屋顶提供了绝佳的观天视野。晴空万里时，站在土屋顶，看蓝天白云飘，听鸟儿树梢歌，观农人田中走，揽青山碧水转，品世间百态生。天是高大的、崇高的、神圣的，不管是彝人还是汉人或者外来的游人来到此处便可感受天的辽阔，地的厚实。在屋顶上，升高的视野和呈阶梯下降的台屋顶使得飞凤山上的苍穹格外的寥廓、爽透、崇高，加之近处略低，远处群山环绕，开阔的观天视野，让人们感受万里晴空，感受辽阔的苍穹宇宙，以获得至高的审美体验。

站在将军第屋顶闭眼冥想，蓝天浮白云，碧水绕青山，一幅幅意象清晰明朗的图景浮现于眼前，虽未睁眼却胜似睁眼，人们都说用心看世界比用肉眼看世界来得更加的深邃与透彻，我用我的心灵品察上方的苍穹，意境变化多端，一下子辽阔宏大，飘雨洒脱，一下子又静穆端庄，如待嫁的闺中之玉女，一下子又"黑云压城"，气势磅礴。宇宙万象是那样的博大与深邃，我竟感到自己的渺小与卑微，我心灵颤抖不敢在闭眼浮想了。蓝蓝的天飘着几朵白云，在风力的推动下，或行或走，然而仍同我梦境里编排组织一样，但是跟梦境不一样的是好像智者降临，如磐石般立于山顶，气宇轩昂，两眼目视宇宙，雄赳赳气昂昂，气质庄重古雅。我只能对它仰视，我的心灵极度颤抖，我是在梦中之梦中吗？我渐渐的越来越小，化为一个点，最后这个点也消失了，山中小村与天地化为"一"，似乎这是经过人的精心锤炼，纷繁的万象被简化了，没有人力的痕迹，天地人被圆融为一体，建筑与自然，建筑与人消除了所有的隔阂，这难道就是传说中的"天人合一"吗？

（二）土掌房的人文意蕴

建筑不仅满足人的居住需求，还是一门综合性艺术，它的特征、功能、意义的多样性是其他艺术门类无法比拟的。它涉及政治、经济、文化、宗教、娱乐、艺术等领域，"自身具有引发情思的人文内涵"。[①] 建筑是凝固的史书，"一些历史建筑，经历长久历史岁月的磋磨，常常形成历史故事、人文轶事的积淀，蕴含着许多纪念性、情感性的内涵。"[②] 面对这样的历史古屋难免触景伤怀，发生历史的，人文的感悟，为建筑增添无穷的意蕴。

在装饰、空间、山水田园构成的土掌房意境基础上，再灌注于民族内涵，使意境美上升到更高层次，即民族意蕴美。上文已有多处论述，城子早期为彝族先民白勺部的聚居地，他们在此开荒拓土，明朝彝族土官昂贵在此建府城，后据险为乱，朝廷对之进行改土归流，汉人迁入，随着各时代的变迁，民族的融合，其他少数民族陆续迁入，于是形成彝、汉、苗、壮等民族的杂居格局。在建筑上就表现为彝汉建筑双剑合璧的艺术形式。在生活上各民族相亲相爱，和睦共处形成了独特的民族风情，为土掌房增添了无穷的民族意蕴美。各民族形成杂居格局

---

① 侯幼彬.中国建筑美学[M].北京：中国建筑工业出版社，1997：261.
② 侯幼彬.中国建筑美学[M].北京：中国建筑工业出版社，1997：261.

后，各民族文化反复冲突与融合，形成了混溶的多元文化。因此城子村的民族风情不是某一个民族的，而是彝、汉、苗、壮各民族共同作用的结果。城子村是彝汉文化为主，兼济其他民族文化，在这混溶的多元文化中具有彝族的刚劲豪爽之气，又有汉族小家碧月的婉约之美。土掌房是各种民俗活动，节日庆典，休闲娱乐的活动场所，尤其是土掌房的屋顶为展示民族风情提供了得天独厚的条件，这不仅使土掌房由静变动，使得安静的土掌房热闹起来了，为古村增添了无尽的民族意蕴（图5-3-7）。

图5-3-7 村中举办的民俗活动

（图片来源：康关福摄，城子古村管理委员会提供）

建筑不仅是一部史书，更是人类智慧与文化的载体，它与文学艺术一样在它的时空里也交织着爱恨情仇、生离死别、祈福纳愿等关于人生的各种事情。因此建筑与文学的联结有先天的契合基因，但是用建筑材料构筑的空间，在表达建筑意蕴时具有模糊性和不确定性，会出现同一个建筑审美主体产生不同的审美体验，而调度文学语言恰好能解决这个问题。"建筑与文学的结合，实质上意味着在物质性最强的建筑艺术中，掺和了精神性最强的艺术要素。"[1] 城子村虽不能与古典建筑的文化内涵相比，但它也有自己的题诗作对、名人游记、历史故事、动人的传说，名人轶事。这些文学形式极大地拓展了土掌房内涵意蕴的深度和广度。

---

① 侯幼彬.中国建筑美学[M].北京：中国建筑工业出版社，1997：289.

　　古村虽然隐于深山中，但是历史以来不乏名人雅士到此游赏隐居，为它题诗作对表达作者的酣畅之感。有关城子村的最早记载追溯到西汉时期，公元112年，司马迁随大军到南夷推行郡县制，当时设漏江县，"漏江县"这一县名就是根据城子村冒烟洞的特征而命名的。"故晋代文学家左思在《蜀都赋》中描绘到：'龙池浩瀑濆其隈，漏江伏流溃其阿；汩若汤谷之杨涛，沛若蒙汜之涌波。'"① 这便是对城子冒烟洞真实而精彩的描写。旧时城子人多爱种植桃树，"花飞花落，把永宁河（中大河）渲染成一条桃花源"，中大河连接着冒烟洞。在《揭秘滇东古王国》一书中，杨永明将城子村称为"世外桃源"，中大河为"桃花源"，而冒烟洞则是"桃花潭"这是有一定道理的。城子村通过中大河与冒烟洞连接，而冒烟洞是喀斯特地貌导致的地下暗河。这跟左思描写的"漏江"在逻辑上是一致的，他根据这里的河流"时而冒出，时而伏流"② 的特征作《蜀都赋》将之描写的栩栩如生，真实生动。

　　城子村旧时常有名人雅士到此隐居，其中有位自号"飞凤山人"的隐士，他被这里优美的山水田园风光和人文历史所震撼，随即在昂土司遗址的墙壁上挥笔留诗纪念：

岐山今何向？嗷嗷是处鸣。

四灵神鸟舞，七彩紫龙横。

浴日凌云汉，清泉濯玉屏，

丹山钟鼓响，万国颂咸亨。

　　这首诗描写了城子村整体坐落的环境和隐士隐居于此的欢快心情。城子村山水景色诱人，到处充满了活力，花香鸟语天地一片新，四灵神鸟翩翩起舞，彩霞像紫龙一样横卧长空，烈日当空，清泉环绕玉屏山，丹山上的钟鼓声连绵不绝，响彻于耳，这是人们在称赞万国盛世的太平啊。隐士用优美的语言描述了城子村的环境意象，并引发了对大好江山的赞许。

　　在离城子不远处有一座非常有名的山，他就是九溪山，这座山因为有丰厚的人文底蕴而备受世人的关注。九溪山风光秀丽山势独特，古往今来不少名人雅士

---

① 杨永明.揭秘滇东古王国[M].昆明：云南民族出版社，2008：188.

② 杨永明.揭秘滇东古王国[M].昆明：云南民族出版社，2008：188.

到此写诗留念，如《广西府志》载，元江教授李纯暇游九溪山留诗一首：

采隐天南匹九溪，手披荆棘佶贸茨。
丹霞待把红颜驻，绿水偏移青眼垂。
方石临风舒啸处，罗岩对月郎吟时。
知君饶有尊身乐，愿向云窝近日随。

再有民国诗人杨增莹也写了不少。
《玉屏溪》：

嵯峨翠屏郁青青，烟雨千家拥玉屏。
借问南山好风光，满洲鸥鹭浴寒汀。

《方石溪》：

诸溪绝胜几徘徊，石上清樽每独开。
记取方公留迹处，马蹄深处掩莓苔。

还有原九溪寺隆慧方丈在《前题》诗中写道：

九溪名胜富山中，见见闻闻耳自充。
岩壁有诗题不尽，烟萝似画看不穷。
广长妙舍溪声巧，自在清音鸟语工。
溲石枕流皆可乐，老僧权且不空谈。

此外抗日名将张冲之母也埋葬于此处。这些诗句用来描述城子村其他的山峰也不为过，一山一绝境，一水一胜景，自然景观因为有人文景观的嵌入而意蕴倍增，韵味无穷。

在城子村最大的土掌房"将军第"的右侧山墙有一堵高大粗犷的石墙，这是一堵不平凡的石墙。首先从石墙本身来看，石墙全部由毛石支砌，没有凿子打磨的痕迹，也无砂浆粘合，但缝隙很小，他不是常规的平口支砌，而是斜口支砌，石块呈纵向的平行四边形，石块相互嵌合，彼此咬合，衔接十分紧密，整堵墙体外观呈不规则的几何网状。经过几百年的风雨侵蚀，洁白美观，仰视如悬崖峭壁，赫然不动。这便是被村民称之为的"姊妹墙"。在村里还流传着"姊妹墙"的传说，关于"姊妹墙"及其传说，后人写诗专论此事：

纵横交错石墙壁，百年根基将军第，
鬼斧神工今朝见，测猜姐妹神仙女。

这首诗不仅描写出出石墙的形态美，而且诉说了历史悠久，演绎了美丽动人的神话传说，使得"将军第"乃至古村的人文意蕴悠远。

神话传说的内容丰富多彩，情节曲折动人，能够为人的遐想提供广阔的想象空间，使人浮现联翩，超脱时空的限制，从有限到无限，从短暂到不朽使审美主体获得良好的审美体验。哲理性的神话传说还能缅怀英灵、激励斗志、感人情怀，并感受和领悟人生、历史、宇宙的哲理。

城子村流传着丰富的神话传说题材，是村中最丰富的文学形式。经过村民几百年的演绎，古村的神话传说涉及面广，内容丰富，情节跌宕起伏，引人入胜。有口耳相传的，也有文本传承的，有短小精悍的小故事，也有长篇的叙事篇章，可在田间地头休息之余闲聊，也可在庭院火塘边讲述。著名的有"阿嘎建房传说""兄妹成婚""玉女赶石""龙马飞刀"（参见附录）"昂贵财宝之谜""护印传说""姊妹墙传说"等[①]。村民们一代又一代的讲述着这些神话传说，既丰富了村民的精神生活，培养了村民的文化自信，更重要的是使得村落披上了一层神秘的面纱，成为今天吸引外来到访者的重要因素。这些神话传说通过后人的不断加工提炼，被演绎得越来越神秘，情节也越来越丰满完整，塑造的人物也活灵活现。当听完城子村的这些美丽故事，定能增加人们的向往之情。

城子村地杰人灵，人才辈出。土掌房历史悠久，文化底蕴深厚，世代陪伴着城子村民，不离不弃，见证着城子村的兴衰沉浮，见证着城子村的繁衍生息。村民日出而作，日落而息，四季更替，周而复始，老人逐渐老去，幼童不断成长。在历史长河中培养了一批地方人物，使城子村大放溢彩。

城子村的发迹史可追溯到唐时的滇东乌蛮统辖的小部落——白勺部。（东爨

① 相关内容可参见杨俊.古村神韵[M].北京：中国文化出版社，2013.

乌蛮→卢鹿部→阿庐部（弥勒部）→白勺部）地方学者杨永明先生在他的研究成果中认为阿庐部在"五代时期析为师宗、弥勒、吉输、白勺等部落"。[①] 彝族先民白勺部最早在此开疆拓土并建立了"白勺城"。[②] 白勺部是自杞国其中的一个部落，参与了反抗"后理国"的卫国战争，并积极参与自杞国的战马贸易，在反抗蒙古军"先下西南，迂回灭宋"的战争中，自杞国战败，但将十万蒙古铁骑埋葬于滇东高原，最后遭元帝国灭国灭史，白勺部也更名为"布韶"。[③] 由于缺乏史料和实物的支撑，对于城子村明朝以前的历史还需要进一步考究。明朝广西土府昂贵在此建土司府，并建立了规模较大的"永安城"，使得城子成为滇东、滇南的政治、经济、文化中心，显赫一时。到了民国改布韶为玉屏乡，在解放战争时期中国人民解放军滇黔桂边纵队在此建立盘北指挥部，并指导泸西、弥勒、师宗一带的解放斗争，并举办干部培训班培养革命人士。这是城子最后一次在历史上活跃，以后逐渐淡出历史，沉寂于深山之中。

城子村地灵人杰，从神话时代开始到现当代，陆陆续续出现众多杰出人物。神话时代出现的人物当属"白勺"。关于自杞国时期的白勺部的历史人物已无从考证，但根据乌蛮的地名文化特征分析，"白勺"应该是部落首领，"白勺部"应该是以白勺这个人的名字命名的部落。这应该是城子的第一位历史人物。但他的个人事迹并无史书记载。明朝的昂贵土司在城子村建府城，标志着城子村进入正史。昂贵土司是广西土府最后一任土官，因"肆掠不法"，被贬为弥勒州土照磨后，他将土府迁到城子，在这里营建了土司府和永安城。在城子村流传的故事中记载他鱼肉百姓、草菅人命、杀人夺妻，致使百姓怨声载道，并藐视朝廷命官，公然与朝廷作对，最终招致朝廷派兵剿灭。今天我们看到的灵威寺被认为是土司府遗址，在左侧的玉屏山（也有的说是"城子大山"）上村民建有土司庙世代供奉。清朝咸丰年间城子村的李德奎将军作战神勇，屡获战功，被朝廷授予"锐勇巴图鲁"称号，后解甲归田，荣归故里后，在飞凤山上为自己建造了私人府宅，即"将军第"，也是村中规模最大的合院式土掌房。在民国年间著名的彝族抗日将领张冲儿时就在城子村度过。张冲家乡是离城子村不远的小布坎，村中无小学，父母便将其送到城子小学就读，住同学陈学易家。后遭地方土豪劣绅

① 杨永明.揭秘滇东古王国[M].昆明：云南民族出版社，2008：178.
② 杨永明.揭秘滇东古王国[M].昆明：云南民族出版社，2008：178.
③ 杨永明.揭秘滇东古王国[M].昆明：云南民族出版社，2008：178.

的诬陷，官府要抓他，他被逼拉杆子上梁山，走上了杀富济贫，替天行道的绿林之路，在云南影响巨大，后被龙云招安，参加台儿庄战役，镇守禹王山，并起得禹王山战斗的胜利，成为抗日名将，滇军也因此名声大振，被日军称为"南蛮兵（勇猛）""猴子兵（灵活）"。后认清国民党的反动面目，奔赴延安成为一名无产阶级忠诚战士。在民间被称为"三神将军"（战神、盐神、水神）。名不见经传的城子村因为有了深厚的文化，杰出的人物，为古村增添不少人文意蕴（图5-3-8）。

昂贵土司像　　　　李德奎将军像　　　　张冲将军像

图5-3-8　城子村历史人物像

（图片来源：作者翻拍于城子村展览室）

城子村是千年前乌蛮"白勺部"的"土窟城"，历史悠久，民族文化底蕴深厚，形成各种与住屋有关的民俗活动与文学形式。土掌房是彝族先民创造的结晶，随着时代的变迁，彝、汉、苗、壮相聚城子村，形成杂居格局，形成了丰富的民族风情，不同的风俗习惯，宗教信仰，艺术形式在这里会演，为古村增添了民族意蕴。城子村土掌房虽出自乡民之手但是经过历史的变迁，岁月的洗礼烙下了历史的兴衰、时代的痕迹。现虽已残破不堪，昔日的盛景已不再复返，但正是残破不全、斑驳破旧使得古村有一种古旧的人文意蕴美。

总结与启示

彝族土掌房凝聚着彝族先民千百年来的智慧和结晶，作为"器用"和"精神"结合物，土掌房既有形而下的物质层面，又有形而上的精神层面，由于土掌房是特定民族在特定的地理环境和文化环境中创造的，在西南民居建筑体系中自成一体，甚至在中国范围内也是独有的，而泸西县城子村的土掌房是彝族建筑的典型代表。本书立足于建筑学、人类学的理论，对城子村土掌房进行细致描绘，揭示出蕴含其间的文化内涵及审美特征。对于当前国际盛行的现代主义、后现代主义建筑潮流既是一种积极的回应，也有一定的借鉴价值，更是对"苗疆走廊"西段民居建筑的有益补充。

一、总结

泸西县城子村彝族土掌房被称为"原始唯美主义的琥珀"，其文化与审美研究是在彝汉文化融合的背景下发生的。彝族和汉族的文化精神及审美情趣贯注于城子村的土掌房中，经过历史的洗礼形成了滇南大地上独有的民居建筑。本文从历史、地域、营建、文化及审美五个方面对城子村土掌房进行了系统地阐述。在历史部分，通过对泸西彝族历史文化背景的宏观领略，在此基础上从民族迁徙史的角度阐述彝族土掌房的演变，以此为研究基础，将研究焦点集中至城子村的土掌房群落上。着重分析了城子村厚重的历史文化底蕴，阐释了城子村民居的演化路径及形态，并对其历史文化价值、景观价值及民居建筑价值三方面进行阐述。在地域部分，主要是从建筑客体出发，以适应性理论为指导，认为土掌房是适应特定自然地理、气候环境、农耕生产方式的产物。在营造部分，浓重地介绍了土掌房营造中蕴含的丰富多彩的民俗文化。接下来在分析土掌房材料特性的基础上，按照建筑的台基、屋身、屋顶三段式分别分析土掌房中石、木、土工艺。在文化部分，将城子村的土掌房置于彝汉交融的历史场域中，分析两种文化的交流对土掌房二元文化特征的影响，另一面从静态角度出发，从珠联璧合的彝汉建筑艺术透析彝汉之间的交流；其次根据彝族的多神信仰，分析神人共居的人居环境，得出土掌房是人神交流的中介；最后从民族性格出发分析土掌房折射的民族价值观。在审美部分，从土掌房的形态美、环境美、意境美三个维度分析其审美形态及其特征，其主要表现为彝汉合璧的建筑形态，天人合一的环境理想，深远幽邃的建筑意境。

泸西县城子村土掌房是彝族民居建筑的典型代表，是"苗疆走廊"西段特有的建筑形式之一，也是中国多民族传统民居的重要组成部分。对其研究具有重要的范例意义。城子村土掌房客观真实地向世人展示了它独特且富于传奇的历史背景，反映了旧时广西府一带彝族的流转变迁历程及彝汉融合的历史现象，以及建筑工艺的发展演变，同时也展现了泸西一带彝族的不同历史维度的思想观念、审美思维、价值取向，并将这些历史现象、物质技术、意识形态凝聚到土掌房中，形成了独具民族特色的建筑文化、建筑审美现象，更进一步升华为极富想象的意境场域及独特的人文意蕴。在这个意境场域和人文意蕴中可谓思接千古、包罗万象，各种民俗、礼仪、宗教、政治、历史、哲学包蕴其间，任凭审美主体随意想象。因此从传统村落保护、建筑人类学、建筑美学的角度来看具有一定的学术价值和意义。

纵观学界对彝族土掌房的研究现状可知，虽然研究成果不少，但在系统性上有待加强。这对于自成一体的土掌房而言，其研究是明显不够的。关于土掌房的研究课题还有很大的研究空间。本书在前人的研究基础上试图在研究内容及研究方法上有一定程度的突破。在方法论上吸取前人拘泥于马林诺夫斯基提出的参与观察法存在的缺陷，运用阐释人类学大师格尔茨的"深描"法。使研究者与研究对象获得了良好的主客统一关系，打破了以往主客对立的关系，同时对城子村这一特定时空背景下的文化系统进行微观描记，以期推进文化与美学的阐释；在研究内容上针对以往就建筑论建筑，就文化谈文化的现状进行反思。按照文化人类学的整体性原则，建筑美学的"文化地域性格理论"探讨城子村土掌房的文化与审美。从历时性角度来看涉及土掌房的历史文化审美源流、建筑流程中的民俗文化、建筑工艺，从横向维度来看涉及土掌房的审美属性，即土掌房的自然适应性、农耕适应性、人文适应性，以及土掌房的表现形态。

土掌房广泛分布在滇中、滇东南、滇南的大片区域，涉及彝、汉、傣民族。

在蒋高辰教授的《云南民族住屋文化》一书中，彝族土掌房被列为云南五大民族建筑类型 ① 之一，但与其他建筑类型相比土掌房可谓"土得掉渣"。它土生土长，乡土气十足，材料很土，结构很土，造型也很土，但它土得有个性，它是特定民族在特定区域的环境条件下形成的，有自己独特的历史源流、生活理念，它随行就市，灵活自由，融于自然。它产生于实实在在的本真生活，讲究实用与功能，并且与节日庆典风俗习惯相结合，成为各种民俗活动的展演场。这也预示着土掌房的研究空间广阔。

二、启示

城子村完整的保存了不同时期土掌房的不同特点及演变轨迹，为彝族民居史研究提供了一个鲜活的案例，也为城乡融合背景下彝族民居建筑创作提供设计源泉。因此对于史论研究与设计创作产生如下启示：

第一，激变与渐变的统一性。从古典文化进化论的观点来看，这些民居形态是不同阶段不同时期的产物，但是从中我们可以发现在土掌房的发展过程中存在着渐变的"恒量"和突变的"变量"。从"小龙树二十四家人"的土掌房我们能深刻地感受到古典进化论所说的渐变论，这里的土掌房历尽600年，几乎没有任何变化，从布局、外形、内部结构及装修几乎一致，这也让后人能感受到原始共产主义残余性质的平权社会所具有的独特之处。从中营、小营民居使我们感受到完全不同于小龙树的那种静如处子般的安静，这里，你能感受到时代的变迁，彝汉文化的碰撞与融合、现代文化的冲击，这是一种激烈的、革命性的氛围，这不正暗示了改土归流后彝汉文化的大融合，暗示了城镇化的飞速发展对偏居一隅的山间小村的渗透。

第二，呼唤传统与现代的契合性。城子村较好的保存了土掌房的原生形态，及由原生形态吸收其他民居形态而衍生出来的"新土掌房"。今天我们仍然能够看到彝族早期的土掌房——"小龙树二十四家人"，也可以看到衍生的多样"新土掌房形态"，甚至还可以看到现代文明与传统文明结合重组的新形态，即"彝

---

① 云南民族建筑可分为五类：干栏式建筑、井干式建筑、汉式建筑、土掌房、其他（如鸡笼房、棚屋等极端原始的住屋形式）。这五类建筑皆自成一体，有其独特的历史、建筑、文化、审美内涵。

家新居"，更甚者，几乎抛弃传统的一切，全盘西化——西式小洋楼，在这里我们并没有感觉到它的洋气，相反，是那么的不协调，与古村古朴、敦厚的建筑品格格不入。因此在新民居建筑设计过程中，我们始终要秉承传统与现代的结合、理性与浪漫交织的设计美学导向。

民居建筑的发展演变是建立在传统的基础上的，是对传统建筑文化不断扬弃和创造性地重组，这是漫长的又是艰难的，尤其是在剧烈的变迁时代，居住主体是要承担剧烈的阵痛，要不断地调适自己，以适应新的环境，否则面临淘汰出局的境遇。城子村土掌房几经时代的巨变仍然能屹立于阿庐大地上，就是因为城子村民积极的调适意识，既不抛弃传统，也勇于接受新的事物，实现新与旧的交接，所以城子村的土掌房被称为建筑发展序列的"活化石"是当之无愧的，客观反映了城子村民与时俱进、开拓创新的精神。

附录：城子村神话传说^①——《龙马飞刀》

在城子村，流传着广西府第五任土知府昂贵的故事，情节丰富完整，离奇曲折，人物个性鲜明。传说中，昂贵是一位被神话了的人物。他的一生，离不开龙马飞刀，因龙马飞刀而兴，因龙马飞刀而败。

第一回

明朝景泰年间，距广西府以南五六十里的崇山峻岭中，有一个名不见经传的小山村，名叫布笼。布笼村边上一栋破旧的茅草房中，居住着一对年近四十的彝族夫妇。夫妇俩一生辛苦耕耘劳作，仍然过着半年粗粮，半年糠菜的贫穷日子，更难过的是，人到中年，一直没有一男半女。一天夜里，风雨交加，电闪雷鸣，仿佛要把这世界夷为平地，炸为焦土。小茅屋飘荡摇晃，随时有被狂风吹散的可能。夫妇俩被这强烈的狂风暴雨、电闪雷鸣惊呆了，两双手紧紧地互相拉着。妇人嘴里不住地祷告着："老天，老天，您忍忍性子，我们小百姓受不了。"直到天将黎明，雨才渐渐沥沥渐渐小了，一夜惊恐不安的两夫妇疲惫地合上眼睛睡去。睡梦中，只见一条水桶般粗的乌黑巨蟒，驾着腥风，撞开柴扉，张开血盆大口，獠牙森森扑面而来。妇人一声大叫："活不成了！"大惊而起，满身冷汗。从这天起，妇人觉得腹中有物，常感蠕动。也许是苍天有眼，送子娘娘青眼有加，妇人怀孕了。夫妇俩有说不出的高兴，尽管生活艰难，但也充满希望和幸福。不觉十月胎满，妇人产下一个胖嘟嘟、肉乎乎的男婴来，夫妇俩笑得合不拢嘴，中年得子，老天怜人。细看这婴儿，额头开阔饱满，眼圆睛亮，哭声有力，手长腿粗。俩人仔细思量，怀孕时刮风下雨，打雷扯闪，加之夜梦乌蟒进屋扑人，此子可能

---

① 附录的所有"神话传说"皆由永宁乡文化站于2011年向作者提供，特此说明并感激。

有些金贵，就起名叫昂贵。小昂贵在父母的百般呵护下，一天比一天胖，一年一个样，真是捧在手里怕掉了，含在嘴里怕化了。可是天有不测风云，人有旦夕祸福，在昂贵十二岁那年，正逢天旱，田地龟裂，草木枯焦，庄稼颗粒无收。紧接又是一场罕见的瘟疫席卷而至，布笼一带地方，饿死、病死者不计其数，四野饿殍，尸骨成堆，人烟萧疏，鬼哭狼嚎。昂贵的父母也没有躲过这场灾难，双双撒手人寰，魂归冥府，丢下昂贵无依无靠，在死亡的边缘线上苦苦挣命。父母死后不久，万般无奈之下，昂贵的舅舅收养了他，从此他在舅舅家帮忙放羊。

冬去春来，花开柳绿，不觉一晃就是三四年，昂贵已是十五六岁的小伙子，长得浓眉大眼，身材魁梧，胳膊上肌肉遒健，腿肚上虬筋暴起，一副气死牛的模样。随着年龄的增长，昂贵越来越心事重重。每天，他把牛羊放到山坡上，在草坡上躺下，双手捧着后脑壳，眼睛望着高远的蓝天白云和自由自在吃草的牛羊，嘴里咬着根草，一动不动地发呆。

他在默默地想：我昂贵也是男子汉，难道就这样放牛放羊，没枝没叶终老一生不成？不，我也要过得风风光光，活出个人模人样。朦胧中他仿佛自己正骑在高头大马上，带着前呼后拥的人众，威威风风走向一座大寨子；一会儿他又觉得他坐在金碧辉煌的大厅里，左右依偎着成群的漂亮女子，座下许多山官、土司、头人纷纷向自己敬献美酒，嘴里说着奉承的话。他高兴得哈哈大笑，仰起脖子，猛灌了一口酒，呛得连声咳嗽。睁开眼，只见远处山峰高耸，白云缭绕，原来刚才是做了一个梦，他觉得脸上痒痒的，定睛一看，不知哪里跑来的一匹瘦骨嶙峋、病病歪歪的黑马，正在舔自己的脸。昂贵气不打一处来，这野杂种，要不是你捣乱，我还在做好梦。想到这里，他一翻身跳起来，飞脚踢向这匹瘦马，马儿机灵地一闪，昂贵踢了个空，差点崴着脚杆。他更是鬼火直冒，捡起一块石头狠狠地朝马打去，想出出心中这口恶气。谁知这马儿不退反进，避开石头，冲到昂贵面前，用嘴一个劲地拱他。俗话说：马嘴亲热狗嘴凶，昂贵见马对自己如此亲热，也不再气恼。这匹马的鼻孔里伸出两根触须，像蛇的信子一样忽伸忽缩，撩人脸庞，麻痒酥酥，舒舒服服。昂贵也亲热地用手摸摸马头，拍拍马鬃。马儿欢叫几声，刨了几下后蹄，然后用嘴咬住昂贵的衣襟，四条腿趴在地下，直摇尾巴。昂贵再笨也知道这是马示意他骑上去，于是他想了想，不管三七二十一，抬腿跨上马背，小黑马四蹄一收，站起身子，嘶鸣一声，放开四蹄，驮着昂贵奔驰而去。黑马越跑越急，越奔越快，到后来腾云驾雾，飞了起来。昂贵吓得闭紧双眼，两只手死死地抱住马脖子，不敢动弹分毫，两耳只听得风声呼呼，山峰树木在下面飞闪而过。昂贵心里在不停地说：我今日死定了，一旦掉下去，粉身碎骨，片体无存。渐渐地，马儿慢下来了，最后停住。这时马背上的昂贵仍惊魂未定，他慢慢睁开了双眼，看看这恶作剧的野马到底把我驮到了哪个山坑山凹？谁知睁眼一看，只见四周青山如黛，峰峦叠嶂，松涛阵阵，遍地奇花异草，蜂飞蝶舞，清香四溢；香獐锦鸡欢跃腾飞于重岩古柏之中，玉兔麋鹿奔驰徘徊在绿茵坡头之上，飞瀑如练从高岩上倾流而下，溪流清冽，微风拂面，说不出的怡和、宁静、雅致、幽逸。昂贵看呆了，他从来没有见过这美丽的景致。正当昂贵陶醉于这世外桃源中，忽听耳边一声清亮的童音："昂贵，请随我来！"昂贵转过头一看，只见一个眉清目秀，头绾双髻，年约十二三岁的童子，正笑吟吟地向他连连招手。昂贵连忙下马，右手牵马，尾随着童子朝前走去。走过幽幽小径，又转绕几重山岩，眼前豁然开朗。一株高大雄劲的古松，伸枝展叶，似虬龙舞爪，又像白鹤疏翅。古松旁几间小土库房散落其间，屋前一条溪流潺潺流过，屋后几蓬翠竹蓬蓬勃勃，随风摇曳。一切显得那么的淡雅清宁。树荫下站立着两个老翁。一位童颜鹤发，红光满面，白眉弯垂，银髯飘飘，他左手捋须，慈眉善目，笑眯眯地看着昂贵微微点头。

另一位身材修长，略显清瘦，脸上棱角分明，目光如炬，令人望而生畏。但脸上仍露出一种企盼心仪的神色。眼前景致，是一幅优美的松鹤延年图。"快来见过二位仙翁。"小童子稚嫩的声音再次把昂贵从沉思中唤醒。"这是利元大仙。"昂贵急忙上前跪拜参见。小童又指着长眉仙翁道："这位是飞凤大仙。"

昂贵又跪在地上转身拜了几拜。"哈哈哈，快起来！"二位仙翁爽朗地大笑，伸手拉起了昂贵。"今遣龙马驮汝来，皆因汝日后将成一方土主，故吾二人赐龙马飞刀与你，助汝成功，万不可骄横自大，滥杀无辜，不然，你将功败垂成，自取灭亡。"利元大仙威严地说。

飞凤大仙也对昂贵谆谆教诲道："龙马日行千里，翻山越岭如履平地，他日驰骋疆场，迅猛如龙，实为一良骥美驹；只是这飞刀乃上古仙兵，锋利非常，出鞘则风云变色，意念所至，当者立斩，杀戮生灵，戒之慎之。汝为土主之后，当爱护百姓，善待兵卒，多行义举，远离谗言，否则，吾定不饶你。"

昂贵连连点头，谨遵教诲。飞凤大仙递过宝刀，昂贵恭恭敬敬地双手接过，洒泪拜别二位大仙，跨上龙马飞回到布笼。

第二回

昂贵有了龙马飞刀后，对舅舅说要出去闯荡闯荡，跟着马帮学做生意。舅舅也觉得外甥大了，应该让他到外边见见世面，历练历练。就对他说："好马不在厩中过，老鹰多往高山落。你长大了，要走就走吧。俗话说，在家千日好，出门一步难，江湖多险恶，你要好好照顾自己！"昂贵磕头拜谢舅舅几年来的抚养之恩，洒泪而别。离开舅舅家后，昂贵凭借龙马飞刀，广交朋友，四处串联，与绿林豪杰称兄道弟，和土司头人认宗攀亲，收集党羽，培植亲信，路见不平，扶弱惩强，对族人乡党怜老惜贫，逢外族进犯则登高直呼，勇往直前。才不过一两年，布笼地方四十八寨，只要一提起昂贵，无人不翘起大拇指，连声夸赞：好一条彝家汉子。

杨喜、曾沛文、阿堵、赵通为其手下四大金刚。文有杨喜、阿堵出谋划策，武有曾沛文、赵通冲锋陷阵。在各部族之间形成了一股强大的势力。省城督府布政亦有耳闻，府州县官刮目相看。一日，昂贵召集周边各地土司山官会盟，叫部下牵来数头壮牛。昂贵高声对大家说："今天没有什么好吃的款待诸位，只有一锅牛肉，一坛水酒，俗话说：'酒醉英雄汉，饭撑日浓包。'大家定要吃个酒醉肉饱，方称我心，现在你们看我亲自宰牛。"

只见昂贵双手把宝刀平端胸前，双目微闭，两唇稍动，然后圆睁虎眼，口中大喝一声"宰牛来！"瞬间，宝刀出鞘，众人只见一道金光飞出，在几头牛胫中绕过，金光飞回，刀锋入鞘。这时只听得"扑通"几声，众人定睛一看，刚才还活蹦乱跳犊牛，早已身首分离，血流草坡，一动不动。观看之人无不惊叹咋舌。厨师剥牛割肉，架起熊熊柴火，开始熬肉。这时大厨师忽然跑到昂贵面前禀报："土司在上，小人罪该万死，今早来得匆忙，忘记带盐巴"，说完汗流浃背，浑身颤抖不已。众人一听，此事非同小可，事关昂贵脸面，无不为大厨师捏了一把冷汗。昂贵听了微微一笑说："我当是什么事，把你吓成这熊球样，看我骑马而去，一会就驮回盐来。"他跨上龙马，腾云驾雾而去，不过一个时辰，就到了昆明盐店，张口就说要买两丫盐。店主见他人黑马瘦的，就讥讽说"你这瘦马能驮两丫？把马压死掉可别怪我。"昂贵答道："别说两丫，一锅（四丫）都不嫌多。"卖主不信，赌气说："你的马如果驮得动四丫盐，我不要钱。"

"好，一言为定，我输了，盐钱十倍奉还，快给我装盐上驮子。"昂贵兴冲冲地说。看着装上四丫盐，马压得东倒西歪的，店主幸灾乐祸地笑了。谁知昂贵飞身上马，一拍马鬃，龙马"呼"的一下腾空而起，凌空飞去，霎时不见踪影，店主惊得目瞪口呆，连呼："神马！神马！"昂贵骑着龙马，驮着一锅四丫盐不一时飞回会盟的地方，锅中的牛肉尚未熬熟。众人见龙马飞刀如此神奇厉害，从此对昂贵崇拜有加，服服帖帖，唯命是从。昂贵自然成了一方呼风唤雨的土司霸主。

数月之后，昂贵接到时任广西土知府的伯父去世的消息，一时触动心事：莫非利元，飞凤二仙说的我将来是一方土主，就是指此事。回心想想，自己虽势力强大，但名不正，言不顺，怎能同堂哥自蓬（人名）嫡传正嗣相比，伯母山弥，嫂嫂海黑历来看不起我这无爹无娘的放牛娃，要担任伯父的知府一职，真是癞蛤蟆想吃天鹅肉。再一想，机不再来，时不我待，过了此山无鸟叫，如不想法，错失良机，自己这一辈子终就是个山大王，哪能跟堂堂正正的朝廷命官相比。想到这里，昂贵愁眉不展，急得跟热锅上的蚂蚁似的，坐卧不安，烦躁恼火。谋士杨喜一眼就看穿了昂贵的心事，并一语道破天机："土司想的可是知府宝座？""想又有哪样办法，还不是岸上的鱼虾——干晒。"昂贵故意做出无可奈何的样子。"我有一计，保管你知府的位子小马拴在大树上——稳稳当当，只怕你下不了手。"杨喜使用了激将法。

"无毒不丈夫，只要能当知府就行，你先说说你的主意。"昂贵迫不及待地说。于是杨喜把计谋向昂贵全盘道出，听得昂贵连连点头，喜上眉梢。接着昂贵又把曾沛文、阿堵、赵通等召集一起，仔细合计一番。第二天，他的堂哥自蓬突然失踪，有风声传出是被绿林强盗绑了"金娃娃"，已被杀死。昂贵带领手下四大金刚及一干兵勇，以奔丧为名赶赴广西府城，欺侮伯母寡妇势单，忽而甜言蜜语，忽而危言耸听。吓哄诈骗，威胁利诱，逼着伯母立下了一份伪托的伯父遗嘱，由侄子昂贵承袭广西府土知府。昂贵立即接管信印府署，同时自己呈文报云南巡抚衙门审核，转报朝廷核实宗枝图布，正式批准承袭。

昂贵用非常手段谋得广西府知府位子后，为感谢四大金刚的鼎力相助，提拔杨喜为谋士，曾沛文为兵头（后人称曾兵头），阿堵为总管，赵通为土照磨。并将二女儿阿彩许给赵通之子赵琮，结下儿女亲家。同时又暗将伯母、姊母、嫂嫂和侄儿番赛，孙子龙达等一并毒死，斩草除根，以绝后患。

第三回

　　拂去历史的尘埃，一切皆是过眼云烟，昂贵当上了土知府，要风得风，要雨得雨，慢慢地竟妄自尊大，骄奢淫逸起来。在这山高皇帝远的地方，他觉得自己就是土皇帝，又有龙马飞刀相助，想做什么，就做什么。终日沉迷于酒色之中，常做些肆虐不法之事。

　　上任年余，昂贵嫌土府衙门地势不好，规模太少，想重选地点，兴建一所自己满意的土司衙门。他派出相地先生到处寻找风水宝地，最后选中了白勺飞凤坡顶。然后，不惜耗费大量的人力、物力、财力，大兴土木，营建了彝汉合璧，规模宏伟，富丽堂皇的土司府。并从府城南门修筑了一条宽一丈二尺铺满石板的通驿大道，直达白勺。真个是逢山开路，遇水搭桥，人们把这条路称为土官路，其中石桥称为土官桥。

　　一次酒宴中，昂贵听总管阿堵说弥勒土官番普的妻子适轻，年轻貌美，倾国倾城，有沉鱼落雁之色，闭月羞花之貌。这样一位大美人，顿时令昂贵心痒难耐，恨不得立马搂到怀中，一亲芳泽。阿堵一见昂贵神色，马上献上一计，借故召番普与其夫人适轻前来欢宴，趁机用毒酒毒死番普，将适轻霸占为第十二房小妾。

　　后来又不断听信阿堵谗言，四处掠夺其他部落土司的田地山林，牛羊粮食，任意搜刮掠抢金银财宝。杨喜、赵通等多次劝告提醒他不要忘记利元、飞凤二仙"广施仁政"的话，但他不以为然，仍我行我素。所谓忠言逆耳，好话难听，谏语过多，昂贵对杨、赵二人渐渐疏远，怨恨之心萌生。昂贵二女儿阿彩与赵通的儿子赵琮成婚，按照风俗，婚后一月，新娘必须回娘家小住。昂二小姐回来后，母亲关心地问她："赵家待你可好？"昂二小姐答道："他们一家对我亲热厚爱，问寒问暖，只是姑爷有时会开玩笑说我'倮倮婆，可惜是大脚'。"本来是句夫妻间的笑话，谁知传到昂贵耳中，竟使他拍案大怒。昂贵思前想后，认为这是赵家轻视侮辱自己，联想赵通近一年来，常对自己说这说那，满腹牢骚，不再恭敬自己。越想鬼火越冒，昂贵咬牙切齿，恨不得置赵家于死地而后快。

　　一月之后，赵琮骑着马兴冲冲、喜滋滋地前来丈人家接新娘。也是年轻人高兴过头，忘乎所以，竟骑着马目不斜视，一直进到府衙大堂，慌得手下人连忙飞报："赵姑爷骑马进堂来了。"昂贵一见，多日的闷气一下子发泄出来，杀心顿起：

"小杂种，你找死，老虎不出声，你以为它是病猫，看老子今天不活剥了你！来人，给我拿下！"左右如狼似虎，把赵琮抓下马来。赵琮尽力挣扎，大声辩驳，昂贵见状，更加暴跳如雷，连声咆哮："活剥了他，活剥了他！"刀斧手一拥而至，把赵琮活生生剥了皮，赵琮哀叫至死，惨不忍睹。尔后昂贵又命烘干人皮，塞满稻草，制成人皮草人，用马驮还赵家。

昂二小姐，听到自己一句笑话不慎，令夫婿惨遭杀害，顿时急火攻心，昏死在地。她的母亲呼天抢地，抱女痛哭，又对昂贵哭骂："天杀的啊，女儿已有身孕，你杀死姑爷，叫她守活寡，你还叫人吗？你叫我的女儿如何过呀？"昂贵裂睁两只血红的豹眼，残暴地说："生女养，生男一起杀！"话说赵通一家看到儿子的人皮草人，面对如此惨绝人寰的凶杀，悲痛得死去活来。赵通立誓：不掀倒昂贵，偿还血债，誓不为人。赵家痛定思痛，派出人手四处收集昂贵罪恶，暗遣次子赵琼携本进京告御状。宪宗皇帝闻奏，龙颜大怒，下旨着云南巡抚林符将昂贵拘捕入狱，革职法办。

第四回

风声传来，昂贵狡兔欲逃，他下令收拾土府衙门中的金银细软，携家带口逃往白勺的土司府，妄图凭借白勺村险峻扼要的地势，土库房上下相通，左右互连，可攻可守的优势，和周围族人顾本排外的反抗心理，加上他多年招降纳叛的武装势力，企图负隅顽抗，逃脱朝廷对他的惩治和赵通的报复。回到白勺土司府的第五天早上，昂贵惊魂未定地坐在大堂上，召集阿堵等心腹商议对策。最后商定由昂土司发令召集其他小部落，一致联合对外。书办拟好诏令，请昂贵用印，昂贵打开印匣，发现空空如也，大印不翼而飞，顿时惊得目瞪口呆。这事非同小可，在这要命的时刻，没有了大印，就像老鹰折了翅膀，豹子断了利爪，只有任人宰割的份了。真是屋漏偏遭连夜雨，行船又遇打头风，人到背时盐罐都会生蛆，喝口冷水也会塞牙。昂贵咬牙问道："大印呢？大印呢？"一边说一边用凶狠、毒辣的目光从众人脸上一一扫过，堂上诸人连大气都不敢出，个个毛骨悚然，胆战心惊，唯恐稍有不慎，惹怒这个煞神，遭到杀身之祸。昂贵见没有一个人吭声，又连连大吼："老子查出来，剥皮、剜心、点天灯。"说完眼光有意在杨喜、曾兵头二人身上盯了片刻。自从与赵通从亲家变成冤家后，昂贵越来越对杨、曾二人不放心，左看右看不顺眼，心里怀疑二人暗中偷取大印，想私通赵家，于己不利。令人窒息的场面持续着，众人僵直地站着，仿佛在阴曹地府中，谁也不知自己命运到底如何。"知府大人，依小人看，搬家之时，大家匆忙紧张，说不定大印仍在府城知府衙门的公案上，赶紧派人回去找一找，我想我们都是大人多年的忠实奴才，谁也没有那个狗胆私藏大印。"阿堵鼓足勇气战战兢兢地说。对阿堵的一番话，昂贵听着顺耳，他总觉得阿堵才是自己信得过的人。于是他问道："哪个到城里衙门去找大印？""小人愿为大人分忧。"阿堵不忘献媚。"我也去！""我和阿堵、老曾一同去！"曾兵头、杨喜也急忙表示。

昂贵见杨、曾二人也争着要去，怎能放心得下，眼珠一转，打定主意，假意大声说："好好好，难得你们如此忠心，我同你们一起去。"一干人急如星火，赶回府城土知府衙门，真是事隔数日，面目全非，只见府门大开，庭院里车痕蹄印横七竖八，牛屎马粪臭气熏天。那些来不及搬走的粗什家具，陈粮柴草，散乱地抛在一边，门窗几案尘封蛛网，真是应了一句古话：房不住人自清冷。昂贵等人自然顾不得领略这凄清冷落的景象，只是忙着四下分头寻找大印。众人屋里屋外，房前屋后，大堂内院，厨房柴棚，马圈茅厕，旮旮旯旯，里里外外，翻了个底朝天，哪里有大印的丝毫踪影。众人偷看昂贵，只见他喘着粗气，握紧拳头，脸都气绿了，知道这是他怒火中烧大发雷霆的前兆，很快就要大祸临头了。忽然杨喜大声喊道："快来瞧，大黄饿死在大门背后了。"大黄是昂贵家看家护院的一条黄狗。大家过去一看，狗爬在地下，头朝下勾着，两只前脚紧紧抱在胸前，早已死去多时。曾兵头小心翼翼地拉开黄狗的尸体。"啊！"只见黄狗的两支前爪紧紧地抱着金晃晃的大印。原来昂贵匆忙逃跑之时，慌乱之中大印掉在大堂公案下，一直无人发现，直到人马走尽，无人照管的看家大黄狗，才发现主人至关重要的东西遗忘了。于是这只聪明伶俐，忠心侍主的大黄狗，把大印抱住，压在身下，躲在大门背后，宁愿饿死也不肯移动一步，为主人保存了大印。

昂贵见大印失而复得，欣喜之余，也为忠心的大黄狗深深感动，于是命手下人把黄狗的尸体认真埋葬，并称之为"义犬"。后来人们为了怀念这只"义犬"和这件世上罕见之事，就把土知府衙门故址（今中枢镇胜利小学后面）一带地方改名叫作"护印村。"再说昂贵找到大印后，毫不耽搁，立即顺城隍庙街，打算从西边出城回白勺。来到玉皇阁大桥，猛听一声喊："昂贵哪里走，还不下马受擒。"顿时伏兵齐出，昂贵猝不及防，惊慌失措，来不及策马飞刀，就被赵通指挥兵勇，将他生擒活捉，五花大绑，押回府城。昂贵的护卫兵丁前来救应，寡不敌众，也被打散。

第五回

昂贵被依法监禁了六年，刑满出狱后回到了白勺土司府，对赵通和流官知府恨之入骨，恨不得将他们大卸八块，食其肉，寝其皮。因此他更加肆无忌惮地招纳亡命之徒，私造军器，扩充武力，沿飞凤坡筑起一道坚固城墙，城墙上垛口排列，碉楼雄峙。城墙下挖掘一条深一丈，宽二丈有余的护城河，寨门口设立吊桥，由心腹兵勇昼夜守护，戒备森严。寨内利用土库房上下相通，左右皆连，进退自入，如同铁桶一般，水泼不进，火烧难侵的特点，人人皆兵，家家为伍，处处能战。

夜晚，土司府正堂高灯远照，与矣邦（今泸西）东寺大雄宝殿烛光遥映，熠熠生辉。传说，这就是所谓的佛光普照。

昂贵又在后山，开挖煤槽，架炉冶炼，大造军器。在土司府私设公堂，飞凤山半坡开设贸易集市（号称"江西街"），并自铸钱币流通。公然与官方作对，并把白勺改为"永安城"，形成了府外之城的独立王国。

昂贵的三女儿阿善，人称昂三公主，看到父亲出狱后，毫无悔改之心，反而变本加厉，为祸一方，就多次跪到他面前，奉劝父亲多行善事，不要再与朝廷作对，引起战乱，给老百姓带来灾难。但昂贵不但不听，反而刑笞女儿。阿善万般无奈，狠心离开昂府，出家在玉屏山玉皇阁里修行，并时常下山，以白沙山泉仙水，救人疾病。

当年四大金刚之一的曾兵头，也因对昂贵所作所为不满，牢骚时发，被昂贵找了个借口斩了。杨喜看到赵通、曾兵头的下场，生怕自己也落个身首异处，在一个月黑风高之夜，偷偷地跑了出去，到荒山野岭之中隐姓埋名，聊度余生。

昂贵身边，只剩下阿堵等奸佞鼠辈，与他沆瀣一气，惹是生非。赵通眼看昂贵越加猖狂，将其情禀告上司。云南巡抚见报，恐其为害作乱，调拨精兵强将数千，由赵通率领，前来攻打永安城。

怎耐永安城地势险要，城高沟深，特别是昂贵的龙马飞刀，不可阻挡，难与争锋，官军一连吃了几个败仗，畏缩不前。这一日，赵通在大营中正愁容满面，一筹莫展，校尉进来禀报："大人，外面有一位道人，声称有机密大事求见。"赵通一听喜在眉梢，连呼："快请，快请！"并亲自出营帐相迎。只见一神色坚毅，神清气爽的道人手执拂尘，立于营帐外面。赵通拱手道："请道长进帐叙话。"道人回礼道："将军不嫌冒昧，贫道先谢了。"赵通连忙说："岂敢，岂敢。"遂束手让客进帐奉座。献茶已毕，赵通道："敢问道长仙称，有何良策。""贫道乃飞凤山人，特来向照磨献上平伏昂贵之计。""小将正为此事焦心如焚，望仙长不吝赐教。""照磨不必过谦，贫道乃山野之人，本不该再惹红尘是非，怎奈昂贵逆天行事，上违天心，下失民意，吾不忍苍生遭劫，故替天行道，来助君一臂之力耳。"赵通大喜，恭敬问计。

飞凤山人不慌不忙，伸出右手食、中二指说："请照磨记牢两句话，一曰：若要昂家败，东寺调朝北头盖；二曰：若要龙马飞刀坏，昂二公主在内寨。这两条计当可败昂贵。"赵通一听，思量片刻道：东寺调朝北头盖不难，即日施行，不出一月，当可完成。只是这昂二公主虽是我赵家媳妇，但又是昂贼亲女，而且从我儿被害，数年不归，难知其心，实在为难。""此事由山人谋之，照磨不必费心，只需整顿军马，机会来时，即刻发兵，一举荡平昂逆。"

赵通连连称是，二人分头行事。再说昂二公主阿彩，自从丈夫惨死，如同身陷囹圄，终日以泪洗面，幸得母亲百般劝慰，才慢慢节哀苟活。怀胎十月，产下一男，起名赵兴，欣喜之余，愁肠百转，生怕父亲知道，又下毒手。于是在母亲的庇护下，瞒着父亲，只说是生了一个女儿。昂贵听说生的是囡，放下心来，加上活剥女婿赵琮一事，觉得有些过火，愧对女儿，也不十分过问。这晚阿彩睡到梦酣之处，忽见一老仙翁来到面前，对她说："我乃利元大仙，你瞒父生儿，一旦事发，你母子势必性命难保，且连累汝母无端受害。只有如此这般，破去龙马飞刀，你老少小三母子性命方能保全，否则，昂贵事败之日，势必殃及鱼池，玉石俱焚，望你三思。"说完，袖袍一挥，悄然而逝。一梦醒来，阿彩仔细思量，认为只有按照仙人梦中所示去办，才是正理。

十五日子夜，月亮当顶，大地一片银辉，四周寂静空悠，整个昂府杳无声息。经过数日的潜心观察，昂二公主按照利元大仙的梦中嘱咐，悄悄起床，乘着月色，从井中打来一盆清水，上面用筛子盖着，端到龙马面前。因有筛子隔离，龙马只见清水汪汪，无法汲饮。于是鼻孔中的龙须伸出来触探。这时阿彩从怀中取出事先准备好的利剪，眼明手快，只听得轻轻地"嚓嚓"两声，利索地剪断了龙马触须。然后又摸进父亲的卧室中，乘昂贵酒醉酣睡之机，盗出宝刀，将其插到后屋尿灰之上污秽一番，使其泻去灵气。

就这样，阿彩暗中破了父亲的龙马飞刀，釜底抽薪，使昂贵难以逞威。赵通也按照道人所嘱，把府城灵龟山的东寺，也由南面拆迁至北边建盖，毁了昂家的龙脉风水。诸事具备，阿彩信息报来，赵通即日发兵，万千人马，一路烟尘，气势汹汹地朝永安城猛扑而来。

闻听手下探报，昂贵轻蔑地一笑："找死也不捡日子，传令下去，今日务要生擒活捉赵通，将他碎尸万段，方平我心头之恨。"城门大开，吊桥放下，昂贵跨龙马，佩宝刀，威风凛凛，傲然而出。两军阵前，仇人相见，分外眼红，昂贵"嘿嘿"冷笑，戟指赵通说："姓赵的，趁早下马受缚，我看在过去亲家的情分上，赏你一个全尸。""昂贵老贼，死到临头，还在饶舌。"回顾左右："谁擒住昂贼，官升三级，赏银一千。"

昂贵气得怒发冲冠，"哇哇"直叫，伸手一拍龙马，龙马嘶叫一声，腾空而起，一跃三丈，昂军一阵欢呼。突然"哗啦"一声，龙马坠地，把昂贵摔得个四脚朝天，众兵将无不大惊失色，七手八脚把昂贵扶起来。昂贵甩开众人，咬牙切齿，横持宝刀，双手平举，随着一声呐喊，宝刀出鞘。奇怪！不见金光出现，宝刀失去了神灵之气，与一般刀剑无异，昂贵情知不妙，暗叫一声："大事不好，我命休矣！"见此情景，赵通知道昂贵的龙马飞刀真的已破，浑身是胆，令旗一挥，战鼓"咚咚"，挥军掩杀过来。昂贵军心已散，兵败如山倒，他换乘一马，率军败走，真是忙忙似丧家之犬，急急如漏网之鱼，四散溃逃。官军如下山猛虎，又如汤浇蚁穴，火燎蜂房，杀得天昏地暗，血流成河。赵通亲自率领精锐人马，紧追昂贵不放，进东门，出南城，趋后山，星夜直追，从木豆黑经过阿鲁，穿过三塘越旧寨，一直追至阿以坎发龙坡。昂贵见追兵滚滚而来，前面是悬崖峭壁，长叹一声，英雄末路，一咬钢牙，将心一横，挥鞭抽马，跃下万丈深渊。

昂贵死后，赵通兵在永安城烧杀抢掠，一时之间，火光冲天，杀声震野，老少凄哭，宏伟壮丽的土司府被战火焚烧，三天三夜不灭。整个城子阴云笼罩，日月无光。男丁兵壮难逃一死，昂氏族人几乎尽诛，剩下来的人有的另改姓氏，有的逃到僻远之地，不敢再回村居住。如今，城子村，没一个昂氏后裔。

阿彩因为破了龙马飞刀，致使父亲兵败自杀，母亲也在府中被火活活烧死，族人遭难，觉得无脸再苟活下去。她把儿子赵兴交给公公，便一头撞死在上马石上。赵通老泪纵横，双手抱着孙子，道了几声"赵家的好儿媳"后，命人将其尸首运回祖茔厚葬。为了记住这一场仇恨和灾难，赵通赐名赵兴一支血脉，为"剥皮赵"后代。并勒令三军，停止杀掠，违令者斩，使得未死之人，得以保全性命，在此长久居住。

事过不久，官府将永安城改名为"城子哨"，周围一带地方统称"永宁"，表示从此永久安宁之意，后来在流官的安置下，大量汉族移民从中原或其他地方迁来，与原来的土著彝族一起居住城子村，形成了今天城子彝汉共居相处的格局。①

---

① "龙马飞刀"故事由永宁乡文化站于2011年向作者提供，特此说明并感激。由于该故事情节曲折生动、具有很强的趣味性，特选为附录部分，供读者阅读，该内容可参见杨俊.古村神韵[M].北京：中国文化出版社，2013：41-61.

[1] 中国人民政治协商会议泸西县委员会.泸西通史（先秦时期—2014年）[M].昆明：云南人民出版社，2018.

[2] 中共泸西县委党史研究室，泸西县地方志办公室.城子古村[M].德宏：德宏民族出版社，2014.

[3] 周采.广西府志[M].泸西县地方志办公室整理.德宏：德宏民族出版社，2010.

[4] 李涛.话说红河·泸西[M].昆明：云南人民出版社，2009.

[5] 杨俊.古村神韵[M].北京：中国文化出版社，2013.

[6] 泸西县志编纂委员会.泸西县志·民族编[M].昆明：云南人民出版社，1992.

[7] 且萨乌牛.彝族古代文明史[M].北京：民族出版社，2002.

[8] 尤中.云南民族史[M].昆明：云南大学出版社，2004.

[9] 杨永明.揭秘滇东古王国[M].昆明：云南民族出版社，2008.

[10] 龚荫.明清云南土司通纂[M].昆明：云南民族出版社，1985.

[11] 泸西县志编纂委员会.泸西县志（民族编）[M].昆明：云南人民出版社，1992.

[12] 彝族简史编写组.彝族简史[M].北京：民族出版社，2009.

[13] 云南各族古代史略编写组.云南各族古代史略[M].昆明：云南人民出版社，1978.

[14] 云南民居编写组.云南民居[M].北京：中国建筑工业出版社，1986.

[15] 唐孝祥.美学基础[M].广州：华南理工大学出版社，2007.

[16] 吴良镛.广义建筑学[M].北京：清华大学出版社，1989.

[17] 王东，王清华.住屋文明与居家生活——西南民族地区建筑人类学研究[M].北京：中国建筑工业出版社，2019.

[18] 杨永生.建筑百家言[M].北京：中国建筑工业出版社，1998.

[19] 彭一刚.建筑的空间组合[M].北京：中国建筑工业出版社，2008.

[20]（美）威廉·A·哈维兰.文化人类学[M].翟铁鹏，张钰译.上海：上海社会科学院出版社，2007.

[21] 侯幼彬.中国建筑美学[M].哈尔滨：黑龙江科学技术出版社，1997.

[22] 潘谷西.中国建筑史[M].北京：中国建筑工业出版社，2004.

[23] 傅熹年.中国古代城市规划、建筑群布局及建筑设计方法研究[M].北京：中国建筑工业出版社，2001.

[24] 潘谷西.风水探源[M].南京：东南大学出版社，1990.

[25] 俞建章，叶舒宪.符号.语言与艺术[M].上海：上海人民出版社，1988.

[26]（英）罗伯特·莱顿.艺术人类学[M].李东晔，王红译.桂林：广西师范大学出版社，2009.

[27] 张文勋，施维达，张胜冰等.民族文化学[M].北京：中国社会科学出版社，1998.

[28] 王四代，王子华.云南民族文化概要[M].成都：四川大学出版社，2006.

[29] 庄孔韶.人类学概论[M].北京：中国人民大学出版社，2007.

[30] 李昆生.云南艺术史[M].昆明：云南教育出版社，2001.

[31] 蒋高宸.云南民族住屋文化[M].昆明：云南大学出版社，1997.

[32] 杨大禹.云南少数民族住屋——形式与文化研究[M].天津：天津大学出版社，1997.

[33] 张文勋.民族审美文化[M].昆明：云南大学出版社，1999.

[34] 张文勋.滇文化与民族审美[M].昆明：云南大学出版社，1992.

[35] 汪正章.建筑美学.[M].北京：东方出版社，1991.

[36] 耿少将.羌族通史[M].上海：上海人民出版社，2010.

[37] 杨志强，赵旭东，曹端波.重返"古苗疆走廊"——西南地区、民族研究与文化产业发展新视阈[J].中国边疆史地研究，2012（2）：1-13，147.

[38] 杨志强，安芮.南方丝绸之路与苗疆走廊——兼论中国西南的"线性文化空间"问题[J].社会科学战线，2018（12）：9-19，281.

[39] 张晓春.建筑人类学研究框架初探[J].新建筑，1996（6）.

[40] 常青.建筑学的人类学视野[J].建筑师, 2008(12).

[41] 苏克明, 刘俊哲.试论彝族先民的天人观[J].西南民族大学学报(哲学社会科学版), 1994(6).

[42] 天地祖先歌[J].贵州民族研究, 1955(3).

[43] 杨庆.云南民族民居建筑: 人与自然和谐的象征[J].昆明理工大学学报(理工版), 2007(6).

[44] 李永生.彝族的土掌房[J]云南社会科学学报, 1995(6).

[45] 郑榕玲.中国传统建筑艺术中的含蓄美[J].装饰, 2003(11).

[46] 杨普旺.云南彝族民居文化简论[J].中南民族学院学报(哲学社会科学版), 1995(2).

[47] 李程春.滇南彝族人家的"退台阳房"——土掌房今昔[J].民族艺术研究, 2007(5).

[48] 张涛等.传统民居土掌房的气候适应性研究[J].建筑科学, 2012(4).

[49] 龚维政等.中国传统建筑的形式美分析[J].福建建筑, 2005(5、6).

[50] 姚宗里.新平彝族土掌房地域适应性体现[J].华中建筑, 2013(2).

[51] 杨嘉铭.丹巴古碉建筑文化综览[J].中国藏学, 2004(2).

[52] 李晓岑.气候变化背景下的铜与氐羌民族[J].西北民族研究, 2018(2).

[53] 王文光, 段丽波.中国西南古代氐羌民族的融合与分化规律探析[J].云南民族大学学报(哲学社会科学版), 2011(3).

[54] 竺可桢.中国近五千年来气候变迁的初步研究[J].中国科学, 1973(2).

[55] 石硕.藏彝走廊历史上的民族流动[J].民族研究, 2014(1).

[56] 中国科学院考古研究所甘肃工作队.甘肃永靖大何庄遗址发掘报告[J].考古学报, 1974(2).

[57] 崔文河, 王军.游牧与农耕的交汇——青海庄廓民居[J].建筑与文化, 2014(6).

[58] 平慧, 张双祥.白彝人螺女型故事"龙背袋"的文化阐释[J].毕节学院学报, 2013(3).

[59] 王东, 孙俊.滇东南彝族城子古村土掌房的环境审美探析[J].南方建筑, 2012(5): 91-95.

[60] 高文月.云南彝族传统民居生成系统研究[D].昆明理工大学, 2012.

[61] 李玺.传统土掌房建筑风貌及布局特征活化研究[D].四川美术学院,

2019.

[62] 王东.土掌房文化及审美“深描”[D].云南民族大学，2013.

[63] 金鹏.云南土掌房民居的砌与筑研究[D].昆明理工大学，2013.

[64] 李朝阳，王东.源·流·聚·拓：彝族土掌房屋顶形态演变新解[J].装饰，2020（3）：112-115.

　　2019年1月21日由中华人民共和国住房和城乡建设部、国家文物局联合发布《关于公布第七批中国历史文化名镇名村的通知》(建科[2019]12号)，云南共有两个村落入选，分别是沧源县勐角乡翁丁村和泸西县永宁乡城子村。闻此信息，内心十分激动。因为我与城子村有着很深的情结，我的硕士学位论文就是以它为研究对象的。我第一次去城子村调研是2010年，当时是父亲骑着摩托车送我去的。城子村有亲戚和几位要好的同学，调研自然没有遇到困难。亲友跟我讲了很多城子村的过往故事。父亲和那位亲戚也都是匠人，他们跟我讲解土掌房是如何建造的，以及建造过程中的各种民俗活动。作为一个不起眼的小山村竟然有如此"背景"，当时还是学生的我很是"震惊"。当时去了古村管理委员会、乡文化站、县图书馆、省图书馆，把相关的资料查了个遍，询问了很多匠人，才知道原来土掌房是早些年滇东南一带普遍存在的建筑形式。父亲说小时候爷爷家的老宅也是土掌房，只是后来我们那里经济好一些，很多换成砖瓦房、石瓦房了。永宁乡城子村一带因为交通闭塞、经济滞后而保存了下来，今天倒成了"稀罕物"。这让我意识到城子村的研究不仅仅是完成学位论文，而是建筑文化遗产的抢救。实际上当时村中年轻人外出打工已经很普遍了，所以也只能访谈长者，留村的年轻人则对土掌房很是嫌弃，认为是贫穷的象征。但好在城子村被政府列为保护对象，禁止村民私自拆建，侥幸得以保存。

　　因为对城子村保持着特殊的情怀，我多次重访城子村，亲眼见证了城子村的巨变，由默默无闻到热门景点，由过去被村民嫌弃，到今天村民引以为荣的转变。城子村的巨变是以"中国传统村落"评选为契机的。2012年12月17日，城子村列入首批中国传统村落名录。2014年成为首批列入中央财政支持范围的传统村落。之后城子村也成了中国传统村落保护与发展过程中的"明星"村落。引起地方政界、学界、商界的高度关注，游客纷纷而来，研究者不断到此考察，国家、地方、社会的资金也纷纷介入。据村民说还有来改造民宿的北京设计师。城子村的变化是显著的，在我的记忆中村道就经历了4个阶段的变化：最初为毛石路、泥路，后来新农村建设修了水泥路，之后在传统村落保护的指导下，要还原固有风貌，重建为规整的石板路，可能是太规整了，与土掌房"土"的气质不相匹配，2018年我再去时，已换成不规整的石板路了。在距离我最初调研已过去了十年，2019年城子村被评为"中国历史文化名村"，这样的金字招牌对城子村的振兴无疑是有利的，很多年轻人也回来了，然而很多当初访谈的老人也都不在了，很多质朴的景观被改造得精致多了，却也少了些味道。我不知道年轻一代是否对家乡文化有所了解？他们是否知道城子村流传的众多美丽动人故事？城子村作为泸西"阿庐文化"的重要载体，能够列入"中国历史文化名村"名录，是对土掌房文化与美学内涵的认可。国家的认可使我备受鼓舞，遂决定在多年前的硕士学位论文基础上进行系统整理，修正不足，再补充些内容和图片，整理成册，以飨读者，让隐藏于"苗疆走廊"西段，滇东南大山深处的彝寨为更多世人所知。

　　本书所用的插图主要是本人从2010年起断续拍摄、绘制的，在将近10年的时间里，城子村进行了多次不同程度的维修，有些图片的内容可能与今天看到的不太一样。有一部分十分精美的图片是2011年笔者去调研时由城子古村管理委员会提供，许多作品都获过奖，作品的作者在书中都有明确的标注，他们的作品为本书增色不少。本书能够完成首先得感谢我的学术启蒙恩师王清华研究员的指导与鼓励。感谢泸西彝学研究的青年学者平慧（彝族）博士、城子村驻村工程技术员平举睿（彝族）、城子古村管理委员会、永宁乡文化站以及众多村民在调研过程中的帮助。此外，我的学生韦猛、程伟、莫泰云协助我完成一些绘图工作，文中都有明确标注，在此一并表示感激。由于本人学历与学识所限，一些内容没有官方的文献记载，也缺乏考古资料的支撑，只能通过访谈获取，因此，一些内容难免有争议，敬请方家予以批评指正。

2020年春节

于家中